Youssef HAIRCH

Dinâmica de Fluidos Complexa :

Youssef HAIRCH

Dinâmica de Fluidos Complexa :

Abordagens com Allen-Cahn e Navier-Stokes

ScienciaScripts

Imprint

Any brand names and product names mentioned in this book are subject to trademark, brand or patent protection and are trademarks or registered trademarks of their respective holders. The use of brand names, product names, common names, trade names, product descriptions etc. even without a particular marking in this work is in no way to be construed to mean that such names may be regarded as unrestricted in respect of trademark and brand protection legislation and could thus be used by anyone.

Cover image: www.ingimage.com

This book is a translation from the original published under ISBN 978-620-6-71642-6.

Publisher:
Sciencia Scripts
is a trademark of
Dodo Books Indian Ocean Ltd. and OmniScriptum S.R.L publishing group

120 High Road, East Finchley, London, N2 9ED, United Kingdom
Str. Armeneasca 28/1, office 1, Chisinau MD-2012, Republic of Moldova, Europe
Printed at: see last page
ISBN: 978-620-7-91099-1

Resumo

*O acoplamento das equações de Navier-Stokes com o modelo de Allen-Cahn representa um avanço significativo no domínio da mecânica dos fluidos e da modelação de interfaces. Este desenvolvimento tem as suas raízes na necessidade de melhor compreender e simular a dinâmica complexa de fluidos multifásicos. Este livro (**Complex Fluid Dynamics: Approaches with Allen-Cahn and Navier-Stokes**) explora a aproximação da dinâmica entre dois fluidos de densidades e viscosidades diferentes. Apresenta um modelo que associa a equação de Allen-Cahn, que descreve a evolução de um parâmetro de ordem escalar, com as equações de Navier-Stokes dependentes do tempo que regem o movimento dos fluidos. Este acoplamento envolve um termo de tensão superficial, que tem em conta a energia necessária para criar uma interface entre as fases, proporcional à curvatura da interface, levando à formação de uma interface dinâmica. As equações bifásicas de Navier-Stokes/Allen-Cahn simulam vários escoamentos de fluidos, utilizando o modelo de Allen-Cahn para as interfaces difusas e as equações de Navier-Stokes para a dinâmica dos fluidos.*

Este trabalho simula com sucesso a geração de bolhas num líquido sujeito a um campo acústico, prevendo com precisão o tamanho das bolhas e a frequência de formação. Os resultados numéricos estão em boa concordância com os dados experimentais.

A PROPÓSITO :

O estudo da separação de fases em sistemas multifásicos é de importância crucial para muitos domínios científicos e industriais. A compreensão das interacções complexas entre diferentes fases fluidas permite a conceção de materiais inovadores, a melhoria dos processos de fabrico e a resolução de problemas ambientais críticos. No entanto, a natureza intrinsecamente complexa destes fenómenos exige ferramentas de modelização avançadas e técnicas numéricas sofisticadas para serem totalmente compreendidas e exploradas.

Os nossos agradecimentos vão para os muitos investigadores e engenheiros cujo trabalho pioneiro lançou as bases deste fascinante domínio. A sua dedicação ao avanço do conhecimento e da tecnologia tornou possível o desenvolvimento dos métodos apresentados neste documento. Esperamos que este trabalho inspire mais investigação e inovação no domínio da dinâmica de fluidos computacional.

Índice

Prefácio

O estudo da dinâmica entre dois fluidos de diferentes densidades e viscosidades é um domínio fascinante e complexo, com muitas aplicações que vão desde a engenharia industrial à investigação fundamental em física dos fluidos. Este livro explora o assunto em profundidade, apresentando um modelo inovador que combina a equação de Allen-Cahn e as equações de Navier-Stokes dependentes do tempo.

A equação de Allen-Cahn, utilizada para descrever a evolução de um parâmetro escalar, é aqui acoplada às equações de Navier-Stokes, que regem o movimento dos fluidos sob a influência de várias forças. Este acoplamento baseia-se num termo de tensão superficial, que é crucial para compreender a energia necessária para criar uma interface entre fases. Este termo, proporcional à curvatura da interface, permite a formação de uma interface dinâmica. As equações bifásicas de Navier-Stokes/Allen-Cahn desenvolvidas neste livro permitem uma simulação exacta de escoamentos de fluidos múltiplos. O modelo de Allen-Cahn é utilizado para representar interfaces difusas, enquanto as equações de Navier-Stokes descrevem a dinâmica dos fluidos. Uma aplicação notável deste modelo é a simulação da formação de bolhas num líquido sujeito a um campo acústico. As previsões obtidas para o tamanho das bolhas e para a frequência de formação são altamente precisas e estão em boa concordância com os dados experimentais disponíveis. Os resultados apresentados neste livro são fruto de uma investigação rigorosa e aprofundada. Esperamos que contribuam para uma melhor compreensão dos fenómenos complexos ligados às interacções entre fluidos de diferentes naturezas e que inspirem novas investigações neste domínio em rápida evolução.

Este livro destina-se a investigadores, engenheiros e estudantes que pretendam aprofundar os seus conhecimentos sobre a dinâmica dos fluidos e os modelos matemáticos associados.

Boa leitura.

HAIRCH Youssef

Capítulo I: Modelo matemático

Um pouco de história

A necessidade de simular a dinâmica de fluidos multifásicos, em que as interfaces entre diferentes fases desempenham um papel crucial, levou à integração dos modelos de Allen-Cahn com as equações de Navier-Stokes. O acoplamento envolve um termo de tensão superficial nas equações de Navier-Stokes, que tem em conta a energia necessária para criar e manter uma interface entre fases. Este termo é proporcional à curvatura da interface, tornando possível modelar interfaces dinâmicas e complexas. O modelo Navier-Stokes-Allen-Cahn (NS-AC) combina as vantagens das duas abordagens: as equações de Navier-Stokes para a dinâmica dos fluidos e o modelo de Allen-Cahn para a representação de interfaces difusas. As aplicações abrangem uma vasta gama de domínios, incluindo a produção de petróleo e gás, o transporte de fluidos em condutas, a dinâmica de fluidos ambientais e a ciência dos materiais. As equações de Navier-Stokes são frequentemente associadas a outros modelos para simular fenómenos multifísicos, como as equações de Navier-Stokes-Allen-Cahn para interfaces de fluidos e as equações de Navier-Stokes-Magneto-hidrodinâmica (MHD) para fluidos electromagnéticos.

Antes do trabalho de Navier e Stokes, as equações de Euler, desenvolvidas por Leonhard Euler no século XVIII, descreviam o escoamento de fluidos ideais, ou seja, não viscosos. Estas equações não tinham em conta a viscosidade, um fator crucial na modelação de escoamentos reais, e transformaram a mecânica dos fluidos ao fornecerem um quadro rigoroso para a modelação de escoamentos viscosos. O seu impacto é imenso e continua a fazer-se sentir em muitos domínios científicos e industriais, facilitando a compreensão e a previsão do comportamento de fluidos complexos. Navier, um engenheiro e físico francês, introduziu um modelo de escoamento de fluidos que incorpora os efeitos da viscosidade. Utilizou conceitos da mecânica dos sólidos para incluir um termo de viscosidade nas equações de Euler, baseando a sua abordagem na teoria atómica. As equações de Navier-Stokes, formuladas por Claude-Louis Navier e George Gabriel Stokes no século XIX, descrevem o movimento de fluidos viscosos. São amplamente utilizadas para modelar fenómenos como as correntes atmosféricas, o fluxo em condutas e os processos industriais que envolvem fluidos. Estas equações são fundamentais para a mecânica dos fluidos, regendo os aspectos dinâmicos dos fluidos sob a influência de forças como a pressão, a gravidade e a viscosidade.

Baseia-se na energia livre do sistema e na competição entre as diferentes fases, levando à formação de estruturas e interfaces no interior do material. Em 1822, Navier publicou o seu trabalho em "Mémoire sur les lois du mouvement des fluides", no qual propôs que as forças viscosas são proporcionais às taxas de deformação do fluido. Stokes, um físico e matemático britânico, desenvolveu independentemente equações semelhantes. O seu trabalho forneceu uma justificação matemática mais rigorosa para as equações de Navier e alargou-as de modo a incluir condições de fronteira mais gerais. Os contributos de Stokes aparecem em "On the Theories of the Internal Friction of Fluids in Motion", onde incorpora sistematicamente os efeitos da viscosidade. As equações de Navier-Stokes foram gradualmente adoptadas pela comunidade científica para resolver problemas práticos de hidrodinâmica, como o escoamento em condutas e em torno de objectos submersos. São aplicadas à engenharia hidráulica, à conceção de canais e barragens e a outros domínios que exigem uma compreensão dos escoamentos viscosos. O advento dos computadores tornou possível a resolução numérica das equações de Navier-Stokes, abrindo caminho para a simulação de fenómenos fluidos complexos. Métodos como as diferenças finitas, os elementos finitos e os volumes finitos tornaram-se ferramentas padrão na dinâmica de fluidos computacional (CFD). A modelação da turbulência continua a ser um dos maiores desafios da mecânica dos fluidos. As equações de Navier-Stokes servem de base a modelos de turbulência, como as equações de Navier-Stokes com média de Reynolds (RANS) e as simulações em grande escala (LES). Com o avanço da tecnologia, as equações de Navier-Stokes estão a ser adaptadas para modelar escoamentos a escalas microscópicas e nanoscópicas, tendo em conta os efeitos de superfície e condições de fronteira complexas. As equações de Navier-Stokes são frequentemente acopladas a outros modelos para simular fenómenos multifísicos, como as equações de Navier-Stokes-Allen-Cahn para interfaces de fluidos e as equações de Navier-Stokes-Magnetohidrodinâmica (MHD) para fluidos electromagnéticos.

As equações de Allen-Cahn desempenham um papel essencial na modelação das transições de fase e da dinâmica das interfaces em sistemas físicos. Antes do trabalho de Allen e Cahn, as transições de fase e a dinâmica das interfaces eram estudadas principalmente através de modelos fenomenológicos e abordagens experimentais. John W. Cahn, um físico e químico americano, e Sam Allen, um físico americano, introduziram o seu modelo em 1977 para descrever a dinâmica das interfaces em sistemas binários, onde duas fases diferentes podem coexistir e evoluir. O seu trabalho foi publicado no artigo "A microscopic theory for antiphase boundary motion and its application to antiphase domain coarsening", na Ata Metallurgica. Este artigo apresentou um modelo matemático para descrever a evolução das interfaces ao longo do tempo. A equação de Allen-Cahn modela a competição entre a energia de volume, que favorece as fases puras, e a energia de superfície, que favorece a criação de interfaces difusas. O modelo inclui termos que representam a tensão superficial e a energia da interface, capturando assim a dinâmica da formação e do movimento da interface. O modelo de Allen-Cahn tem sido utilizado para simular processos de coalescência e separação de fases em materiais. Pode ser utilizado para prever a forma e o movimento de interfaces em sistemas multifásicos. A investigação demonstrou a eficácia do modelo no estudo da coalescência de domínios, em que pequenas regiões de fase coalescem para formar regiões maiores ao longo do tempo. Paralelamente, Cahn também desenvolveu o modelo Cahn-Hilliard para descrever a separação de fases e a difusão de massa. Embora semelhante ao modelo de Allen-Cahn, o modelo de Cahn-Hilliard inclui um termo de conservação de massa. A investigação continua a melhorar a compreensão teórica do modelo de Allen-Cahn, incluindo a análise da estabilidade e a dinâmica das soluções. O modelo é utilizado em várias disciplinas, como a ciência dos materiais, a engenharia química, a biofísica e as tecnologias ambientais, para estudar fenómenos como o crescimento de cristais, a dinâmica de membranas e a reatividade química. Em suma, as equações de Allen-Cahn, desenvolvidas por John W. Cahn e Sam Allen, revolucionaram a forma como os cientistas modelam a dinâmica das interfaces e as transições de fase. A sua abordagem matemática elegante e eficiente continua a servir de base a numerosas aplicações industriais e de investigação, oferecendo conhecimentos profundos sobre a dinâmica complexa dos sistemas multifásicos.

O acoplamento das equações de Navier-Stokes com o modelo de Allen-Cahn representa um grande avanço na modelação de fluidos multifásicos, oferecendo ferramentas poderosas para compreender e simular dinâmicas interfaciais complexas.

Esta abordagem integrada continua a desempenhar um papel fundamental na melhoria dos processos industriais e dos sistemas ambientais. Introduzido por John W. Cahn e Sam Allen na década de 1970, o modelo Allen-Cahn descreve a evolução de um parâmetro escalar que representa uma fase num sistema binário. Este modelo é utilizado principalmente para simular transições de fase e a dinâmica de interfaces. As equações de Allen-Cahn desempenham um papel essencial na modelação das transições de fase e da dinâmica das interfaces em sistemas físicos. Apresenta-se de seguida um resumo histórico do seu desenvolvimento e utilização. Antes do trabalho de Allen e Cahn, as transições de fase e a dinâmica das interfaces eram estudadas principalmente através de modelos fenomenológicos e abordagens experimentais. O estudo de misturas binárias de fluidos compressíveis, viscosos e macroscopicamente imiscíveis é de importância significativa em várias aplicações, tais como a produção de petróleo e gás, o escoamento multifásico em condutas e a dinâmica de fluidos ambientais. Ao compreender melhor o comportamento destas misturas, é possível melhorar a conceção e o desempenho dos processos industriais e dos sistemas ambientais. As equações de Cahn-Hilliard-Navier-Stokes (CHNS) são também utilizadas para estudar o comportamento de fluidos imiscíveis numa variedade de aplicações, incluindo a ciência dos materiais, a engenharia química e os processos de separação de fases.

Objetivo

O modelo de Allen-Cahn é uma abordagem matemática utilizada para modelar a dinâmica das interfaces em sistemas multifásicos, particularmente em fluidos onde interagem duas fases distintas. O modelo de Allen-Cahn define a interface entre dois fluidos como uma região de transição suave, em vez de uma fronteira abrupta e nítida. Esta região tem dimensões extremamente pequenas mas finitas, onde as propriedades dos fluidos mudam progressivamente de uma fase para a outra.

Numa mistura de dois fluidos imiscíveis, como o óleo e a água, a interface, de acordo com o modelo de Allen-Cahn, não seria uma linha de separação rígida, mas uma zona onde as propriedades mudam gradualmente das do óleo para as da água. Nesta zona de transição, as partículas dos dois fluidos interagem entre si. Estas interacções influenciam as propriedades físicas locais do fluido, tais como a densidade e a viscosidade. Na interface entre o óleo e a água, há uma mistura de partículas dos dois fluidos, criando uma região onde as características não são nem inteiramente as do óleo nem inteiramente as da água. As propriedades físicas do fluido, como a densidade e a viscosidade, mudam continuamente ao longo desta zona de transição. Isto significa que não há um salto abrupto nestas propriedades; em vez disso, elas variam gradualmente com a posição no domínio. Embora as propriedades físicas mudem continuamente, os seus valores exactos na região da interface não são determinados com precisão. Isto significa que existe alguma ambiguidade ou imprecisão quanto aos seus valores exactos num determinado ponto da interface. No caso da formulação level-set, que é outro método de modelação de interfaces, o modelo de Allen-Cahn deixa indeterminadas certas variáveis-chave, como a velocidade, a pressão e o campo de fase. Estas variáveis devem ser resolvidas simultaneamente utilizando as equações da dinâmica dos fluidos e as condições de fronteira adequadas. Em simulações de dinâmica de fluidos, as equações de Navier-Stokes podem ser acopladas ao modelo de Allen-Cahn para determinar a distribuição da velocidade e da pressão em função da evolução da interface descrita pelo campo de fase. Em resumo, o modelo de Allen-Cahn oferece uma forma sofisticada de modelar a dinâmica das interfaces em sistemas fluidos, considerando transições suaves e contínuas das propriedades físicas influenciadas pelo campo de fases, aceitando simultaneamente uma certa indeterminação dos valores exactos na região da interface.

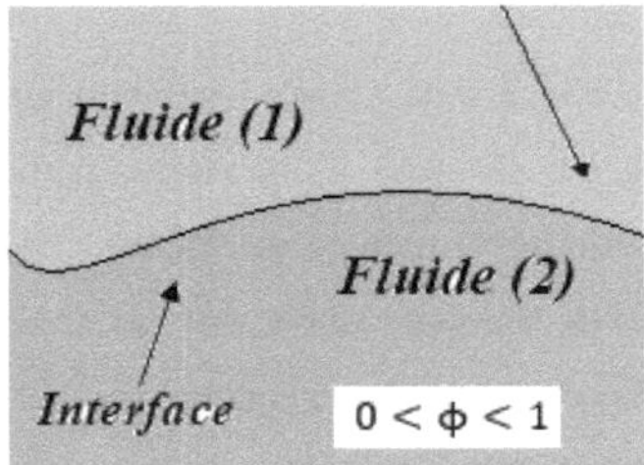

Fig. 1: Diagrama da interface entre dois fluidos incompressíveis.

As equações de Navier-Stokes descrevem o movimento dos fluidos em função de forças externas como a pressão, a gravidade e a viscosidade. São fundamentais na mecânica dos fluidos para compreender a dinâmica do escoamento. As equações de Navier-Stokes foram formuladas independentemente por Claude-Louis Navier e George Gabriel Stokes no século XIX. Fornecem uma descrição pormenorizada da dinâmica dos fluidos com base na conservação da massa, do momento e da energia. A equação de Cahn-Hilliard foi desenvolvida mais tarde para modelar processos de separação de fases em materiais. Foi introduzida por John W. Cahn e John E. Hilliard nas décadas de 1950 e 1960 no contexto da metalurgia para descrever a formação de padrões durante a separação de fases. O acoplamento das equações de Navier-Stokes com a equação de Cahn-Hilliard permite modelar fenómenos complexos em que a dinâmica dos fluidos é influenciada pela separação de fases. Isto é particularmente útil para estudar sistemas em que dois fluidos imiscíveis interagem, como nos processos de produção de petróleo, sistemas de arrefecimento nuclear ou dinâmica ambiental. Os CHNS são utilizados para modelar o escoamento multifásico em condutas, ajudando a otimizar o transporte de hidrocarbonetos. Ajudam a compreender as interacções entre diferentes camadas de fluidos nos oceanos e rios, influenciando a dispersão de poluentes. Os CHNS são utilizados para estudar a separação de fases em ligas e polímeros, ajudando a desenvolver materiais com propriedades específicas. Podem ser utilizadas para modelar processos de separação em reactores químicos e sistemas de mistura. Combinando as equações de Navier-Stokes e a equação de Cahn-Hilliard, os CHNS fornecem uma estrutura poderosa para estudar e simular fenómenos em que a dinâmica dos fluidos e a separação de fases desempenham papéis cruciais.

I. Modelo matemático

II.1 Modelo matemático da dinâmica de um sistema bifásico

Considere um sistema constituído por dois fluidos uniformemente misturados. Os fluidos manter-se-ão misturados ou separados, como no caso do óleo e da água? Uma simples experiência pode dar a resposta, mas também a termodinâmica da difusão. A física da difusão divide-se em difusão positiva e negativa. A difusão positiva ocorre na direção oposta ao gradiente de concentração, reduzindo assim o gradiente, enquanto a difusão negativa ocorre na mesma direção que o gradiente. O estado de equilíbrio para a difusão positiva é uma mistura uniforme, enquanto que para a difusão negativa o estado de equilíbrio é um sistema de duas fases separado por uma interface fluida. Estes dois casos são considerados separadamente, com a difusão positiva como o método de transporte dominante num caso e a difusão negativa no outro. No caso da difusão positiva apenas, a lei de Fick da difusão é tida em conta, em combinação com a equação da continuidade. A primeira lei de difusão de Fick pode ser enunciada da seguinte forma:

$$J = -D\nabla c \tag{I.1}$$

Onde (c) é a concentração, D é a difusividade e (*J*) *é* o fluxo de difusão da concentração. A equação da continuidade é :

$$\frac{\partial c}{\partial t} + \nabla.\vec{J} = 0 \tag{I.2}$$

A combinação da primeira lei de difusão de Fick e da equação de continuidade para fluidos leva à segunda lei de Fick:

$$\frac{\partial c}{\partial t} = D\nabla^2 c \tag{I.3}$$

Da equação (I.3), espera-se que uma mistura uniforme e homogénea esteja sempre em estado estacionário: na ausência de um gradiente de concentração espacial, não ocorrerá qualquer variação na concentração ao longo do tempo. No entanto, no caso de ocorrer uma separação de fases, a difusão tem lugar contra o gradiente de concentração, o que não está de acordo com a equação (I.3). Assim, o gradiente de concentração não é a única força motriz da difusão: outra força deve estar a atuar. No caso da difusão negativa, a força motriz é o gradiente de potencial químico, tal como descrito por Cahn e Hilliard em 1958.

Pode então deduzir-se uma nova expressão para a equação (I.1):

$$J = -M\nabla\mu \tag{I.4}$$

Em que (M) é a mobilidade das partículas (análoga à difusividade (D) e (μ) é o potencial químico. Ao utilizar esta nova força motriz com a equação da continuidade, obtemos uma forma alternativa e mais geral da segunda lei de Fick. Esta equação é conhecida como a equação de Cahn-Hilliard, introduzida por Cahn e Hilliard em 1958.

$$\frac{\partial c}{\partial t} = M\nabla^2\mu \tag{I.5}$$

A densidade de energia deste sistema de duas fases, que é uma função da concentração, é também derivada por Cahn e Hilliard, em (Cahn e Hilliard, 1958):

$$f(c) = \varepsilon \frac{c^2}{2} (1 - c)^2 \qquad (I.6)$$

Onde (c) é a concentração local e (ε) é um parâmetro que representa a energia interfacial entre as fases.

À escala macroscópica, um fluido pode ser visto como um meio contínuo constituído por um conjunto de partículas que podem interagir entre si. Do ponto de vista matemático, isto traduz-se na continuidade das propriedades físicas que caracterizam o fluido: densidade, velocidade e pressão. A temperatura constante, é apresentado o modelo matemático utilizado para descrever a dinâmica de um fluido newtoniano incompressível. Este modelo baseia-se nos princípios da mecânica: conservação da massa, conservação do momento e conservação da energia.

- O princípio da conservação da massa: A variação da massa do fluido num determinado volume ao longo do tempo é equivalente ao fluxo de massa que entra através da fronteira. A expressão matemática local para a conservação da massa é :

$$\frac{\partial \rho}{\partial t} + \nabla . (\rho u) = 0 \qquad (I.7)$$

Quando o fluido é incompressível, ou seja, a sua densidade não varia com o tempo, a equação da conservação da massa (1.1) simplifica-se para :

$$\boldsymbol{\nabla} . u = 0 \qquad (I.8)$$

Onde ($\boldsymbol{u}$) é o vetor de velocidade.

- Conservação do momento: afirma que a variação do momento é igual à soma das forças externas que actuam no sistema, de acordo com a segunda lei de Newton. Para um fluido, este princípio é expresso pela seguinte equação diferencial parcial:

$$\rho\left(\frac{\partial u}{\partial t} + +(u.c)u\right) = \nabla.T(u,p) + \rho f \tag{I.9}$$

Onde $T = 2\mu D(u) - pI$ é o tensor de tensão e (f) uma força externa aplicada ao sistema.

$$u.n = 0 \tag{I.10}$$

Além disso, (n) é o vetor normal unitário que aponta para o exterior $(\partial\Omega)$.

- Conservação da energia dos fluidos: é equivalente ao primeiro princípio da termodinâmica. Pode ser expresso localmente da seguinte forma:

$$\rho\left(\frac{\partial E}{\partial t} + \nabla E.u\right) - \nabla.(T.u + q) = f.u + r \tag{I.11}$$

Onde (E) é a densidade de energia do sistema e (r) uma fonte externa de calor.

II.2 Acoplamento físico: equações de Navier-Stokes e Allen-Cahn

As equações de Navier-Stokes são normalmente utilizadas para descrever a dinâmica de interfaces entre fluidos newtonianos incompressíveis, macroscopicamente imiscíveis, com densidades e viscosidades compatíveis. Estas equações exprimem o movimento de um fluido e a conservação da massa, do momento e da energia. Ao incluir termos adicionais para representar a tensão superficial na interface do fluido, as equações de Navier-Stokes fornecem uma descrição exacta do comportamento do fluido, incluindo a evolução das interfaces, os padrões de escoamento e o transporte de momento e energia. A solução numérica destas equações requer a utilização de métodos como as diferenças finitas ou os volumes finitos, com condições de fronteira adequadas para descrever completamente o sistema. As equações de Navier-Stokes são, portanto, um quadro matemático essencial para modelar o movimento de fluidos como líquidos e gases, incorporando as leis da conservação da massa e do momento, bem como os efeitos da pressão, viscosidade e outros fenómenos físicos. A resolução destas equações permite aos cientistas e engenheiros simular vários fenómenos fluídicos em domínios como a aerodinâmica, a mecânica dos fluidos e a transferência de calor. Na mecânica dos fluidos, as equações diferenciais parciais que descrevem o escoamento de fluidos incompressíveis são as equações de Navier-Stokes. Na mecânica dos fluidos, as equações diferenciais parciais que descrevem o escoamento de fluidos incompressíveis são as equações de Navier-Stokes. Além disso, o modelo é regido pelas equações incompressíveis de Navier-Stokes:

$$\partial_t \rho + \boldsymbol{div}(\rho \boldsymbol{u}) = 0 \tag{I.12}$$

$$u_t + (\boldsymbol{u}.\boldsymbol{\nabla})u + \boldsymbol{\nabla p} = v\Delta u + \zeta\kappa\boldsymbol{\nabla\varphi} \tag{I.13}$$

$$k(\boldsymbol{\varphi})\left(u_\sigma - u_\chi\right) + v\partial_n u_\sigma = \zeta k(\boldsymbol{\varphi})\boldsymbol{\nabla}_\sigma \tag{I.14}$$

Onde $(\boldsymbol{p})$ é a pressão, (v) é o coeficiente de viscosidade, definido como a razão entre a tensão de cisalhamento e a taxa de cisalhamento num fluido. Por outras palavras, descreve a medida em que um fluido resiste ao movimento quando sujeito a uma força. A viscosidade de um fluido pode ser influenciada pela temperatura, pressão e composição química do fluido. Para além disso, o coeficiente de viscosidade de dois fluidos incompressíveis pode ser comparado medindo a resistência ao fluxo de cada fluido. Em geral, um fluido com um coeficiente de viscosidade mais elevado terá uma maior resistência ao escoamento do que um fluido com um coeficiente de viscosidade mais baixo. A viscosidade de um fluido também pode variar com a temperatura, pelo que os coeficientes de viscosidade de dois fluidos podem mudar consoante a temperatura a que são medidos. Por outro lado, $(\boldsymbol{\varphi})$ representa a variável do campo de fase e (ζ) é a força capilar relativa à tensão de um fluido newtoniano. Na maioria dos casos práticos, a força capilar é muito mais fraca do que a tensão do fluido newtoniano. A força capilar é proporcional à tensão superficial do fluido, enquanto a tensão do fluido é proporcional à sua pressão. Para a maioria dos líquidos, a tensão superficial é muito inferior à pressão do fluido, resultando numa força capilar muito inferior à tensão do fluido.

Na modelação física, $k(\boldsymbol{\varphi})$ a energia de fronteira interfacial desempenha um papel importante em muitos processos físicos, químicos e biológicos, incluindo o comportamento de líquidos, a formação de gotículas e bolhas, a propagação de líquidos em superfícies sólidas e a estabilidade de interfaces em sistemas coloidais. A compreensão e o controlo da energia de fronteira interfacial são cruciais para aplicações como a síntese de materiais, a separação química e a conceção de dispositivos microfluídicos. A energia de fronteira interfacial, também conhecida como tensão superficial, é uma medida da energia necessária para criar uma nova superfície ou interface entre duas fases. Representa a energia necessária para quebrar as ligações entre as moléculas de uma fase e criar uma nova superfície entre as duas fases. Num sistema que contém várias fases, a energia interfacial limitante é uma medida da energia necessária para aumentar a área da superfície entre as fases. Finalmente, a (u_σ) é a velocidade do fluido de fronteira na direção tangencial, (u_χ) é a velocidade da parede da fronteira. Podemos definir o operador vetorial $\boldsymbol{\nabla}_\sigma = (\boldsymbol{\nabla} - (n.\boldsymbol{\nabla})n)$ é o gradiente na direção tangencial.

O parâmetro de interação na interface entre dois fluidos é frequentemente descrito pelo coeficiente de tensão superficial, que representa a energia necessária para aumentar a área da superfície da interface fluido-fluido. A tensão superficial resulta da diferença de forças intermoleculares entre as moléculas do fluido à superfície e as moléculas presentes na massa do fluido. O valor do coeficiente de tensão superficial depende das propriedades do fluido, como a densidade, a viscosidade e a temperatura. Num modelo de interface difusa, o coeficiente de tensão superficial é um parâmetro-chave que afecta o comportamento do fluido e a dinâmica da interface. Determina a magnitude das forças que impulsionam o movimento do fluido e a estabilidade da interface. A determinação exacta do coeficiente de tensão superficial é crucial para a modelação do comportamento de sistemas de dois fluidos em processo de separação de fases. Assim, consideramos o seguinte sistema que modela o escoamento de um fluido bifásico viscoso, imiscível e incompressível (1 e 2) com uma função de fase :

$$\varphi(x,t) = \begin{cases} 1 & \text{fluide 1} \\ -1 & \text{fluide 2} \end{cases} \tag{I.15}$$

Além disso, (κ) é o potencial químico, ou uma medida da energia por unidade de substância necessária para adicionar ou remover uma pequena quantidade dessa substância de ou para um sistema, mantendo a sua temperatura e pressão constantes. Neste caso, o potencial químico (κ) de cada fluido é determinado pela sua própria temperatura, pressão e composição química, e é independente da presença do outro fluido. Os dois fluidos tenderão a misturar-se até que os seus potenciais químicos sejam iguais, altura em que se encontrarão num estado de equilíbrio químico. Nesta secção, um modelo matemático para um sistema deste tipo é dado pelas equações de Cahn-Hilliard.

$$\kappa = -\xi\Delta\boldsymbol{\varphi} + f(\boldsymbol{\varphi}) \tag{I.16}$$

$$\boldsymbol{\varphi}_t + \boldsymbol{\nabla}.(\boldsymbol{u}\boldsymbol{\varphi}) = \delta\Delta\kappa \tag{I.17}$$

$$\delta_t u - \Delta u + \Upsilon k(\boldsymbol{\varphi}) = 0; \quad \text{em } (0,t) \text{ x } \Omega \tag{I.18}$$

$$\partial_n u = 0; \text{ em } (0, t) \text{ x } (\partial\Omega) \text{ e } (x,t) \in \partial\Omega \times (0,+\infty) \tag{I.19}$$

Em que (ξ) é a espessura da interface e (Υ) é um coeficiente de relaxação da fronteira. Além disso, consideramos um modelo de interface difusa que descreve o movimento de uma mistura isotérmica de dois fluidos imiscíveis e incompressíveis em processo de separação de fases, que pode ser descrito pelas equações de Navier-Stokes acopladas à equação de Cahn-Hilliard.

$$\boldsymbol{\nabla}.u = 0 \tag{I.20}$$

$$\frac{\partial\varphi}{\partial t} + (\boldsymbol{u}.\boldsymbol{\nabla}\varphi) = \Upsilon\big(\alpha\Delta\varphi - \beta(\varphi^2 - \varphi)\big) \tag{I.21}$$

$$\rho\frac{\partial(\rho u)}{\partial t} + \frac{1}{2}\boldsymbol{\nabla}.(\rho u)u + (\rho\boldsymbol{u}.\boldsymbol{\nabla})u - \boldsymbol{\nabla}.\big(\mu D(\boldsymbol{u})\big) + \boldsymbol{\nabla}p = f - \tag{I.22}$$

$$\frac{1}{\Upsilon}\left(\frac{\partial\varphi}{\partial t} + (\boldsymbol{u}.\boldsymbol{\nabla}\varphi)\right)\boldsymbol{\nabla}\varphi$$

Em que $(\boldsymbol{\varphi})$ é o campo de fases, $(\alpha = \beta/\varepsilon^2)$ é a densidade de energia de mistura, (ε) é a espessura da zona de transição, (μ) é a viscosidade, e $D(\boldsymbol{u})$ é a taxa de cisalhamento:

$$D(\boldsymbol{u}) = \frac{1}{2}(\boldsymbol{\nabla}u + \boldsymbol{\nabla}u^T) \tag{I.23}$$

E (Υ) actua como um relaxamento do tempo necessário para atingir o equilíbrio estático na equação de Allen-Cahn. Por outro lado, a introdução de um termo de tensão superficial nas equações de Navier-Stokes capta os efeitos da energia de superfície e a tendência das interfaces para minimizar a sua área de superfície. O termo de tensão superficial é frequentemente proporcional à curvatura da interface, penalizando as configurações com elevada curvatura. Este termo incentiva o sistema a atingir um estado com menor energia de superfície total. O acoplamento destas equações é comum em estudos de dinâmica de fluidos com transições de fase, como na modelação do comportamento de fluidos binários que sofrem separação de fases. A tensão elástica adicional resultante da tensão superficial é definida como :

$$ST(\varphi) = \mathcal{F}\nabla\varphi \otimes \nabla\varphi \qquad (I.24)$$

A constante $(\mathcal{F})$ representa o coeficiente de tensão superficial. O acoplamento entre o modelo de Allen-Cahn e as equações de Navier-Stokes é frequentemente conseguido através do tensor de tensão. Este é a soma do tensor de tensão viscosa (σ^{Γ}) e o termo adicional de tensão elástica : $\sigma^{\Gamma} = \sigma_{\varepsilon}^{\Gamma} + ST(\varphi)$. Este termo capta a influência da tensão superficial no escoamento do fluido, onde as variações no parâmetro de ordem φ são tidas em conta. Consideremos as equações de Navier-Stokes aplicadas a um escoamento incompressível que incorpora a tensão superficial (medida em newtons por metro, $(\mathrm{N}m^{-1})$).

$$\partial_t \rho + u.\nabla\rho = 0 \qquad (I.25)$$

$$\rho(\partial_t u + u.\nabla u) = \nabla.[\,\mu(\nabla u + \nabla^T u)] - \nabla p + ST(\varphi) \qquad (I.26)$$

Um método eficaz de estabelecer uma expressão para $(ST(\varphi))$ envolve a análise das forças exercidas numa curva bidimensional sob tensão, um conceito introduzido por Young em 1805. O trabalho de Young em 1805 envolveu a consideração das forças que actuam numa curva bidimensional sob tensão. No contexto das interfaces de fluidos (excluindo membranas finas), a aplicação de tensão bidimensional é representada como uma força por unidade de comprimento tangencial à curva, denotada por (σt). Aqui, (t) representa o vetor tangente unitário e (σ) denota o coeficiente de tensão superficial. Considerando um volume infinitesimal (Ω), intersectado pela curva nos pontos A e B, a força de tensão total que actua sobre (Ω) pode ser expressa da seguinte forma:

$$\oint ST(\varphi) = \int_A^B \sigma dt = (\sigma_B t_B - \sigma_A t_A) \qquad (I.27)$$

Quando uma gota de líquido é depositada numa superfície sólida lisa, forma um ângulo de contacto estável (θ) com o sólido. Este ângulo está intimamente relacionado com as tensões interfaciais entre o sólido e o líquido, o sólido e o vapor, e o líquido e o vapor, conforme descrito pela equação de Young :

$$ST(\varphi)_{SV} = ST(\varphi)_{SL} + ST(\varphi)_{LV}\cos(\theta) \qquad (I.28)$$

$ST(\varphi)_{SV}$, $ST(\varphi)_{SL}$ e $ST(\varphi)_{LV}$ são, respetivamente, as forças interfaciais por unidade de comprimento entre sólido-vapor, sólido-líquido e líquido-vapor na linha de contacto, ou seja, a tensão superficial, e $(\theta = \overrightarrow{ST(\varphi)_{SL}}, \overrightarrow{ST(\varphi)_{SL}})$ é o ângulo de contacto (Fig. 2).

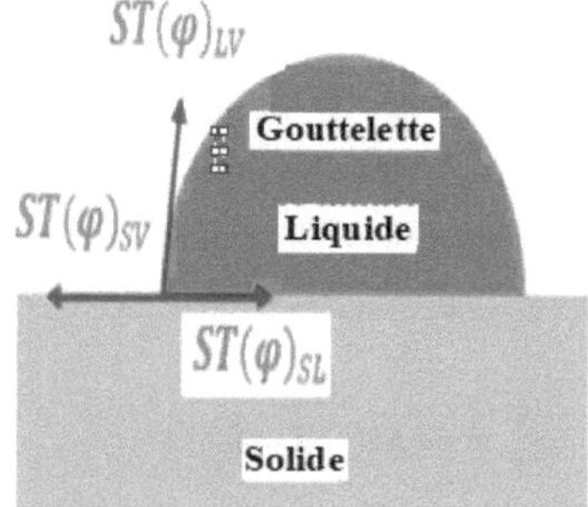

Fig. 2 Construção de Young do equilíbrio de forças numa linha de contacto trifásica.

A equação de Navier-Stokes é utilizada para modelar o comportamento dos fluidos numa variedade de aplicações, incluindo o projeto de aeronaves, o escoamento de fluidos em condutas e o estudo das correntes oceânicas, onde :

$$\rho\left(\frac{\partial u}{\partial t} + +(u.c)u\right) = \nabla.T(u,p) + \rho f \qquad (I.29)$$

Como resultado $\vec{T} = 2\mu D(u) - pI$ é o tensor de tensão, (μ) é a viscosidade dinâmica e (f) a força externa. A gota estática é um problema fundamental de duas fases, amplamente utilizado para validar os métodos numéricos desenvolvidos. Este acoplamento conduz a um conjunto de equações que descrevem o estado de equilíbrio de uma gota em repouso num fluido. Eis o sistema de equações:

$$\frac{\partial u}{\partial t} - \boldsymbol{\nabla}.\left(\boldsymbol{M}\boldsymbol{\nabla}\left(\frac{\partial F}{\partial u}\right)\right) = 0 \qquad\qquad (I.30)$$

M é o parâmetro de mobilidade, e F(u) é a função de energia potencial de dois poços. Além disso, na Figura (2), traçámos quantitativamente as distribuições de densidade ao longo da linha central horizontal para diferentes valores de mobilidade (M = 0,1; M = 2). Os resultados mostram que as previsões numéricas do campo de densidade concordam bem com a solução analítica. Na interface, a concentração entre dois fluidos imiscíveis depende das propriedades dos dois fluidos e das forças que actuam sobre eles. A energia interfacial entre os dois fluidos imiscíveis e incompressíveis resulta das diferenças nas forças intermoleculares entre os dois fluidos. Esta energia representa a quantidade de energia disponível num sistema para realizar trabalho a temperatura e volume constantes. No caso de dois fluidos imiscíveis, a energia livre de Helmholtz do sistema é dada pela soma das energias livres de Helmholtz dos dois fluidos individuais mais a energia interfacial entre os dois fluidos. Na interface entre os dois fluidos, as moléculas não estão no seu ambiente preferencial, o que resulta num aumento da energia livre total do sistema. A energia livre de Helmholtz dos dois fluidos imiscíveis e incompressíveis é dada por :

$$\frac{\partial \boldsymbol{\varphi}}{\partial t} = \delta\big(\Delta\boldsymbol{\varphi} - f(\boldsymbol{\varphi})\big) \qquad\qquad (I.31)$$

Com (δ) é o coeficiente cinético. A energia livre de Helmholtz do sistema é minimizada quando o sistema está em equilíbrio termodinâmico. No caso de dois fluidos imiscíveis e incompressíveis, isto ocorre quando a energia interfacial é minimizada e a interface adopta uma forma que minimiza a sua área de superfície. Por outro lado, a viscosidade de uma mistura de fluidos pode ser calculada através de vários métodos, tais como modelos empíricos, regras de mistura ou simulações moleculares. Um modelo comummente utilizado é a equação de Krieger-Dougherty, que relaciona a viscosidade da mistura com a fração volumétrica e a viscosidade de cada componente, bem como com um parâmetro que reflecte o grau de interação entre as moléculas. Em geral, assume-se que a viscosidade de uma mistura de dois ou mais fluidos é mais elevada do que a viscosidade de cada um dos componentes individuais considerados separadamente. Isto deve-se ao facto de as interacções entre as moléculas dos diferentes componentes poderem criar uma resistência adicional ao fluxo, resultando numa viscosidade global mais elevada. No entanto, o comportamento exato da mistura depende das propriedades específicas dos fluidos envolvidos e pode variar de acordo com factores como a temperatura, a pressão e a taxa de cisalhamento. Depende da viscosidade dos componentes individuais da mistura, bem como das suas proporções relativas e das interacções entre as moléculas dos diferentes componentes. Para descrever a dinâmica completa do fluido, definimos a viscosidade da mistura de fluidos da seguinte forma:

$$\mu(\boldsymbol{\varphi}) =: \mu^* + \zeta_\mu \boldsymbol{\varphi} \tag{I.32}$$

$$\text{Ou; } \mu^* = \frac{\mu_1 + \mu_2}{2} \text{ e } \zeta_\mu = \frac{\mu_1 - \mu_2}{2}$$

Como resultado, a densidade de uma mistura de fluidos nem sempre pode ser prevista com exatidão utilizando regras de mistura simples e pode exigir uma modelação mais complexa ou medições experimentais. As densidades dos componentes individuais podem ser afectadas pela temperatura, pressão e outras condições, e podem não ser aditivas em todos os casos.

$$\rho(\boldsymbol{\varphi}) =: \rho^* + \zeta_\rho \boldsymbol{\varphi} \tag{I.33}$$

$$\text{Ou; } \rho^* = \frac{\rho_1 + \rho_2}{2} \text{ e } \zeta_\rho = \frac{\rho_1 - v}{2}$$

Em matemática, no domínio das equações diferenciais, as condições de fronteira são praticamente essenciais para definir um problema e são também de importância primordial na dinâmica dos fluidos computacional.

$$u(0, x) = u_0 \tag{I.34}$$

$$\boldsymbol{\varphi}(0, x) = \boldsymbol{\varphi}_0 \tag{I.35}$$

Com condições iniciais :

$$u(x, 0) = u_0(x) \tag{I.36}$$

$$\boldsymbol{\varphi}(x, 0) = \boldsymbol{\varphi}_0(x) \tag{I.37}$$

Consequentemente, a velocidade total na interface (1 e 2) de dois fluidos imiscíveis e incompressíveis é :

$$u^{Tot} = u^{int(1)} + u^{int(2)} \tag{I.38}$$

A equação de Allen-Cahn pode ser derivada através da minimização do funcional da energia sob certas restrições, como a conservação da massa ou outra quantidade física. A equação resultante descreve a dinâmica do campo de parâmetros de ordem (u) e é frequentemente utilizada para modelar transições de fase, bem como outros fenómenos na ciência dos materiais, na física e em vários outros domínios. O funcional de energia é uma medida da energia total do sistema e é frequentemente utilizado para estudar a estabilidade e a dinâmica das soluções da equação de Allen-Cahn. O funcional de energia de Lyapunov associado à equação de Allen-Cahn é dado por :

$$\oint \left(\frac{1}{2} |\nabla u|^2 + \frac{1}{\varpi^2} H(u) \right) dx \tag{I.39}$$

O primeiro termo no funcional de energia representa a energia cinética do sistema, enquanto o segundo termo representa a energia potencial do sistema. Onde (ϖ) é uma constante positiva que representa a energia interfacial entre as fases e (∇u) é o gradiente de (u) em relação às coordenadas espaciais. Assim, $H(u) = \frac{1}{4}(u^2 - 1)^2$. A energia potencial é minimizada quando o campo de parâmetros de ordem assume os valores (± 1), que correspondem às duas fases estáveis do sistema.

Em geral, haverá uma diferença de concentração entre os dois fluidos devido à presença de tensão superficial na interface. Esta diferença pode levar à formação de um gradiente de concentração, com uma concentração mais elevada no fluido com uma tensão superficial mais elevada. A taxa de mistura entre os dois fluidos também influenciará a concentração na interface, assim como quaisquer forças externas que actuem sobre os fluidos, como a convecção, a difusão ou a agitação. Como resultado, obtém-se a equação de transporte-difusão que descreve a alteração local da concentração:

$$\partial_t c - D_0 \Delta c + \vec{u} . \nabla c = 0 \tag{I.40}$$

Onde (D_0)é o coeficiente de difusão constante. Na interface fluido-fluido, temos :

$$\nabla c . n = 0 \qquad (\text{I.41}$$

$$)$$

II.3. Abordagem matemática

O modelo de Allen-Cahn, ao acoplar a equação para a evolução do campo de fase com as equações de Navier-Stokes, permite que a dinâmica de sistemas de duas fases seja modelada com precisão e eficiência. Tem em conta as variações contínuas das propriedades físicas ao longo da interface e oferece uma abordagem matemática robusta para o estudo das transições de fase e fenómenos semelhantes. O modelo de Allen-Cahn define a interface como uma zona de transição suave de dimensões extremamente pequenas, onde interagem partículas de fluido distintas. Esta abordagem implica que as propriedades físicas do fluido, como a densidade e a viscosidade, mudam continuamente ao longo do domínio. Estas alterações são influenciadas pelo campo de fase, um parâmetro que descreve o estado do sistema em cada ponto do espaço. Por outras palavras, nesta zona de transição, a densidade e a viscosidade não são constantes, mas variam progressivamente, reflectindo a mistura de fluidos. No entanto, é importante notar que os valores exactos destas propriedades físicas na região da interface não podem ser determinados com precisão. Esta indeterminação deve-se à natureza difusa da interface, onde as características dos fluidos se sobrepõem. Tal como na formulação por níveis, três variáveis-chave permanecem indeterminadas nesta abordagem: velocidade do fluido, pressão e campo de fase. A velocidade e a pressão descrevem o movimento e as forças no fluido, respetivamente, enquanto o campo de fase capta o estado do sistema em termos de fases do fluido. Para modelar com precisão a dinâmica da mistura, é necessário definir expressões para a densidade e a viscosidade da mistura de fluidos. Estas definições permitem-nos compreender a forma como as propriedades físicas variam em função da posição e do tempo e são essenciais para a resolução das equações que regem o sistema, tais como as equações de Navier-Stokes acopladas às equações de Allen-Cahn. Em resumo, o modelo de Allen-Cahn oferece uma forma de representar a interface entre dois fluidos de uma forma contínua e suave, tendo em conta as variações das propriedades físicas e a sua influência pelo campo de fases, reconhecendo simultaneamente a indeterminação exacta destas propriedades na região da interface. As expressões para a densidade e a viscosidade da mistura são dadas por :

$$\rho(\varphi) = \left(\frac{\rho_1 - \rho_2}{2}\right)\varphi + \left(\frac{\rho_1 + \rho_2}{2}\right) \qquad (\text{I.42}$$

$$)$$

$$\mu(\varphi) = \left(\frac{\mu_1 - \mu}{2}\right)\varphi + \left(\frac{\mu + \mu_2}{2}\right) \qquad (\text{I.43})$$

(ρ_1)é a densidade do fluido 1 (escolhida como um fator de escala para a densidade) e (μ_1) é a viscosidade do fluido 1 (escolhida como fator de escala para a viscosidade). O modelo Cahn-Hilliard/Allen-Cahn apresentado, introduzido por J. Cahn e A. Novick-Cohen, é descrito pelas seguintes equações diferenciais parciais:

$$\frac{\partial m}{\partial t} = h^2 \Delta(f(m + n) + f(m - n) - h^2 \Delta m) \qquad (\text{I.44})$$

$$\frac{\partial n}{\partial t} = -f(m + n) + f(m - n) - \alpha n + h^2 \Delta n \qquad (\text{I.45})$$

Em que mmm é a concentração de um dos componentes e é uma quantidade conservada, (n) é um parâmetro de ordem, (h) é um parâmetro que representa o espaçamento da rede, (α) é um parâmetro que reflecte a posição do sistema no diagrama de fases (pode ser positivo ou negativo), e (f) é uma função; a derivada de um potencial de poço duplo (F)é uma função e, neste contexto, é avaliada em $(m + n)$ e $(m - n)$. Para demonstrar que a expressão dada para a energia livre $E(m, n)$ é de facto o integral dos termos especificados, vamos expandir as expressões e simplificar onde for necessário. Começando com a expressão dada :

$$E(m,n) = \oint (F(m + n) + F(m - n) + \frac{\alpha}{2}n^2 + \frac{1}{2h^2}(|\nabla m|^2 + \qquad (\text{I.46})$$
$$|\nabla n|^2))dx$$

Onde (Ω) representa o domínio de integração e (f=F') (f = F') (f=F'). Com a energia livre associada ao modelo de Cahn-Hilliard /Allen-Cahn dada, vamos começar com a expressão da densidade de energia livre.

$$F(m,n) = \int_0^{m,n} f(s)ds + \int_0^{m,n} f(s)ds \qquad (\text{I.47})$$

Agora, vamos substituir a expressão

$$E(m,n) = \oint[\int_0^{m,n} f(s)ds + \int_0^{m,n} f(s)ds + \frac{\alpha}{2}n^2 + \frac{1}{2h^2}(|\nabla m|^2 + \tag{I.48}$$

$$|\nabla n|^2)]dx$$

Desde que; $(f = F')$ os integrais envolvendo (f) podem ser expressos em termos do potencial (F) Vamos analisar isto passo a passo:

$$F(m + n) + F(m - n) = F(m) + F(n) + F(-m) + F(-n) \tag{I.49}$$

Combinar termos semelhantes:

$$F(m + n) + F(m - n) = F(m) + F(-m) + F(n) + F(-n) \tag{I.50}$$

Utilizar o facto de que: $(f = F')$ os integrais envolvendo (f) podem ser expressos como o potencial(F):

$$E(m,n) = \oint(2F(m + n) + 2F(m - n) + \frac{\alpha}{2}n^2 + \frac{1}{2h^2}(|\nabla m|^2 + \tag{I.51}$$

$$|\nabla n|^2))dx$$

$E(m, n)$ Associado ao modelo Cahn-Hilliard/Allen-Cahn. Na mecânica dos fluidos e na termodinâmica, o princípio da conservação da energia é um conceito fundamental. Afirma que a energia total de um sistema fluido permanece constante quando este é sujeito exclusivamente a forças conservadoras, como a gravidade e a pressão. Este princípio essencial está enraizado na lei da conservação da energia, um princípio fundamental da física.

$$E(\varphi,\mu) = \oint\left(\frac{\rho}{2}|u|^2 + \frac{\alpha}{2}|\nabla\varphi|^2 + \beta f(\varphi)\right)d\Omega \tag{I.52}$$

(φ) é um campo escalar que representa a concentração ou a fase de um dos fluidos, (u) é o vetor de velocidade do fluido, (ρ) é a densidade do fluido, (α) e (β) são constantes que determinam as contribuições energéticas dos(φ) e o desvio de(φ) de 1, respetivamente. Agora vamos substituir as expressões para $\rho(\varphi)$ e $\mu(\varphi)$ na equação da energia:

$$E(\varphi,\mu) = \frac{1}{2}\left(\frac{\rho_1-\rho_2}{2}\right)\varphi + \left(\frac{\rho_1+\rho_2}{2}\right)(u)^2 + \frac{\alpha}{2}|\nabla\varphi|^2 + \frac{\beta}{4}(\varphi - 1)^2 \tag{I.53}$$

Esta expressão quantifica a energia total do sistema, tendo em conta tanto a energia cinética do fluido ($\frac{\rho}{2}|u|^2$) e a energia associada à mistura dos fluidos, que é influenciada pelo gradiente de concentração $\frac{\alpha}{2}|\nabla\varphi|^2$ e o desvio de (φ) de $\left(\frac{\beta}{4}(\varphi-1)^2\right)$. Consequentemente, a energia total associada à mistura dos fluidos é dada pela soma destes termos :

$$E(\varphi,\mu) = \frac{1}{4}(\rho_1 - \rho_2)\varphi u^2 + \frac{1}{4}(\rho_1 + \rho_2)u^2 + \frac{\alpha}{2}|\nabla\varphi|^2 + \frac{\beta}{4}(\varphi-1)^2 \qquad (\text{I.54})$$

A expressão matemática utilizada para representar a conservação da massa é :

$$\frac{\partial(\rho V)}{\partial t} + \nabla.(\rho u) = 0 \qquad (\text{I.55})$$

Onde $:\left(\frac{\partial(\rho V)}{\partial t}\right)$Representa a taxa de variação de massa dentro do sistema ao longo do tempo. $\nabla.(\rho u)$ Representa a divergência do fluxo de massa, que é a taxa na qual a massa entra ou sai de uma determinada região. No caso de um fluido, o equilíbrio de momento é descrito pela equação diferencial parcial abaixo:

$$\rho\left(\frac{\partial u}{\partial t} + (u.\nabla)u\right) = \nabla.T(u,p) + \rho f \qquad (\text{I.56})$$

Onde $T(u,p)$é o tensor de tensão e (f) é uma força externa aplicada ao sistema.

A evolução de uma mistura isotérmica de dois fluidos imiscíveis e incompressíveis num domínio delimitado pode ser descrita com precisão pelas equações de Cahn-Hilliard-Navier-Stokes (sistema CHNS). Estas equações modelam efetivamente a dinâmica de um sistema de fluidos bifásicos, integrando a velocidade do fluido e a concentração de um dos componentes. Uma abordagem comum para modelar escoamentos multifluidos envolvendo transições de fase é acoplar o modelo de Allen-Cahn às equações de Navier-Stokes. A equação de Allen-Cahn capta a evolução do campo de fases, enquanto as equações de Navier-Stokes descrevem o escoamento do fluido. Ao acoplar estas duas equações, é possível simular a evolução do escoamento do fluido e a transição de fase que ocorre na interface entre duas fases. Além disso, o acoplamento pode ser conseguido de diferentes formas, dependendo do problema específico e do nível de precisão desejado. Uma abordagem comum consiste em incorporar o campo de fase na equação de Navier-Stokes como um termo fonte, tendo em conta as alterações da densidade e da viscosidade na interface. Isto permite que interacções de fase complexas sejam modeladas com mais pormenor. Outra abordagem é a utilização de um método level-set, que fornece uma representação mais exacta da interface e do escoamento do fluido. O método level-set é particularmente útil para seguir a posição e a forma da interface com elevada precisão, o que é essencial para simulações em que os pormenores da interface desempenham um papel crucial. Em resumo, a modelação da evolução de uma mistura isotérmica de dois fluidos imiscíveis e incompressíveis pode ser conseguida de forma eficiente utilizando as equações de Cahn-Hilliard-Navier-Stokes, com abordagens como o acoplamento Allen-Cahn/Navier-Stokes ou o método level-set para captar a dinâmica complexa dos fluidos bifásicos e as transições de fase na interface.

Além disso, o acoplamento das equações de Allen-Cahn e Navier-Stokes conduz a um sistema de equações diferenciais parciais fortemente acoplado e não linear, que apresenta desafios significativos em termos de solução numérica. Para resolver este sistema, é crucial escolher métodos numéricos adequados. Estes métodos devem ser capazes de lidar com a complexidade e a não-linearidade das equações, garantindo simultaneamente a estabilidade e a exatidão das soluções. Além disso, é essencial especificar corretamente as condições de fronteira e iniciais, de modo a obter simulações realistas e consistentes. No entanto, o modelo integrado, que combina o modelo de Allen-Cahn com as equações de Navier-Stokes para simular escoamentos multifluidos, tem certas limitações. Por exemplo, pode não ser adequado para captar com precisão fenómenos de escala muito pequena, como os fluxos microfluídicos. Nestes casos, os efeitos físicos adicionais, como a rugosidade da superfície ou as interacções moleculares, tornam-se significativos e podem exigir uma modelização mais complexa. Além disso, este modelo assume frequentemente uma tensão superficial isotrópica, que pode não representar corretamente os efeitos da tensão superficial anisotrópica em alguns cenários. Isto inclui os escoamentos que envolvem surfactantes ou interfaces fluido-fluido complexas, em que a tensão superficial pode variar em função da direção e das condições locais da interface. As equações de Navier-Stokes são geralmente formuladas para escoamentos laminares. Consequentemente, podem não representar com exatidão os escoamentos turbulentos, particularmente a números de Reynolds elevados. Para modelar corretamente os regimes turbulentos, é muitas vezes necessário introduzir modelos de turbulência ou fazer modificações específicas às equações para captar adequadamente os efeitos da turbulência. Finalmente, o modelo assume que os efeitos da tensão superficial são adequadamente descritos pela equação de Allen-Cahn. No entanto, para interfaces altamente dinâmicas ou complexas, este pressuposto pode ser insuficiente. Nesses casos, pode ser necessário ter em conta efeitos adicionais de tensão superficial para representar com exatidão o comportamento da interface. Embora o acoplamento das equações de Allen-Cahn e de Navier-Stokes constitua um método poderoso de simulação de escoamentos multifluidos, é crucial reconhecer e abordar as suas limitações específicas. Isto inclui a adaptação de métodos numéricos, tendo em conta escalas relevantes, e a incorporação de modelos adicionais, quando necessário, para garantir previsões precisas e fiáveis.

O modelo de Allen-Cahn utiliza um parâmetro de ordem única para descrever a separação de fases. Embora este facto simplifique a modelização, pode também limitar a sua capacidade de representar com precisão sistemas multifásicos complexos com comportamentos de fase mais variados. Por outras palavras, este modelo pode não captar todos os pormenores das transições de fase em sistemas em que as interacções entre fases são mais complicadas do que as descritas por um único parâmetro.

Além disso, o modelo de Allen-Cahn baseia-se no pressuposto de que o sistema tende para um estado uniforme ao longo do tempo, ou seja, que atinge o equilíbrio. Este pressuposto pode não ser válido em todos os casos, nomeadamente para sistemas em que a dinâmica de não-equilíbrio desempenha um papel importante. Consequentemente, esta simplificação pode conduzir a previsões incorrectas em determinadas situações. A escolha de condições de fronteira adequadas, especialmente nas interfaces fluido-fluido, pode ser complexa e tem um impacto significativo nos resultados do modelo. As condições de fronteira devem ser cuidadosamente definidas para refletir corretamente as interacções na interface, uma vez que escolhas inadequadas podem introduzir erros significativos nas simulações. O modelo é também sensível aos valores dos vários parâmetros utilizados (sensibilidade dos parâmetros). Esta sensibilidade significa que pequenas variações nos parâmetros podem levar a alterações significativas nos resultados do modelo. Por conseguinte, a obtenção de dados experimentais exactos para calibrar estes parâmetros é essencial, mas muitas vezes difícil. Esta dificuldade de calibração pode limitar a exatidão das previsões do modelo. Na prática, é crucial considerar cuidadosamente as características específicas do sistema a modelar e avaliar a adequação do modelo de Allen-Cahn aos fenómenos que pretende simular. Para garantir que o modelo é adequado a uma determinada aplicação, é importante validar as suas previsões com os dados experimentais disponíveis. Esta validação permite verificar se o modelo reproduz fielmente o comportamento observado na realidade. As análises de sensibilidade são também essenciais. Estas análises consistem em estudar a forma como as variações dos parâmetros influenciam os resultados do modelo. Permitem identificar os parâmetros mais críticos e avaliar a robustez das previsões do modelo face às incertezas. Em suma, para utilizar o modelo de Allen-Cahn de forma fiável, é essencial efetuar uma validação rigorosa e análises de sensibilidade aprofundadas, tendo em conta as características específicas do sistema em estudo. O modelo de Allen-Cahn utiliza um parâmetro de ordem única para descrever a separação de fases. Embora esta simplificação facilite a modelação, pode também limitar a capacidade do modelo para representar com exatidão sistemas multifásicos complexos que apresentam um comportamento de fase mais variado. Por outras palavras, o modelo pode não captar todos os pormenores das transições de fase em sistemas em que as interacções entre fases são mais complicadas do que as descritas por um único parâmetro.

Além disso, o modelo de Allen-Cahn baseia-se no pressuposto de que o sistema tende para um estado uniforme ao longo do tempo, ou seja, que atinge o equilíbrio. Este pressuposto pode não ser válido em todos os casos, particularmente para sistemas em que a dinâmica de não-equilíbrio desempenha um papel importante. Consequentemente, esta simplificação pode conduzir a previsões incorrectas em determinadas situações.

A escolha de condições de fronteira adequadas, particularmente nas interfaces fluido-fluido, pode ser complexa e ter um impacto significativo nos resultados do modelo. As condições de fronteira devem ser cuidadosamente definidas para refletir corretamente as interacções na interface. Escolhas inadequadas podem introduzir erros significativos nas simulações, afectando a precisão das previsões. O modelo é também sensível aos valores dos vários parâmetros utilizados. Esta sensibilidade significa que pequenas variações nos parâmetros podem levar a alterações significativas nos resultados do modelo. A obtenção de dados experimentais exactos para calibrar estes parâmetros é, portanto, essencial, mas pode ser muitas vezes difícil. Esta dificuldade de calibração pode limitar a exatidão das previsões do modelo. Na prática, é crucial considerar cuidadosamente as características específicas do sistema a modelizar e avaliar a adequação do modelo de Allen-Cahn aos fenómenos que pretende simular. Para garantir que o modelo é adequado a uma determinada aplicação, é importante validar as suas previsões com os dados experimentais disponíveis. Esta validação permite verificar se o modelo reproduz fielmente o comportamento observado na realidade. As análises de sensibilidade são também essenciais. Estas análises consistem em estudar a forma como as variações dos parâmetros influenciam os resultados do modelo. Permitem identificar os parâmetros mais críticos e avaliar a robustez das previsões do modelo face às incertezas. Em suma, para utilizar o modelo de Allen-Cahn de forma fiável, é essencial efetuar uma validação rigorosa e análises de sensibilidade aprofundadas, tendo em conta as características específicas do sistema em estudo.

Neste contexto, a nossa atenção centra-se em situações em que uma fase de uma mistura de fluidos (conhecida como imiscível) contém iões que podem formar precipitados sólidos na interface entre o fluido e uma superfície sólida. Esta precipitação pode ocorrer como resultado de alterações de temperatura, pressão ou outras condições físicas ou químicas que afectem a solubilidade dos iões na fase fluida. A ocorrência de precipitação iónica na interface fluido-sólido pode ter uma variedade de consequências. Estas incluem alterações na condutividade eléctrica do fluido, alterações na adesão entre o fluido e a superfície sólida e a formação de depósitos na superfície sólida.

Para modelar o processo de precipitação iónica à escala dos poros, é necessário ter em conta vários factores essenciais, como a conservação da massa, o momento e a presença de iões dissolvidos em cada fase do fluido. São utilizadas equações matemáticas para descrever o transporte de fluidos e iões através de meios porosos. As fronteiras livres, que separam as diferentes fases do fluido, podem ser dinâmicas e mudar ao longo do tempo à medida que ocorre a precipitação e a dissolução de iões. Para modelar eficazmente estas fronteiras livres, são normalmente utilizados métodos numéricos. Estes incluem o método do conjunto de níveis e o método do campo de fases. Estas técnicas permitem seguir com exatidão a evolução da interface entre as diferentes fases do fluido. Utilizando estes modelos numéricos, é possível fazer previsões sobre alterações na distribuição de fluidos e iões em meios porosos. Estes modelos também fornecem informações valiosas sobre o mecanismo e a cinética da precipitação iónica à escala dos poros. Por exemplo, podem ajudar a compreender a forma como os iões se movem e precipitam em função das condições locais de temperatura e pressão, bem como a influência das propriedades químicas do fluido e da superfície sólida. A modelização do processo de precipitação iónica em meios porosos exige um conhecimento profundo da dinâmica dos fluidos e dos iões. Os métodos numéricos, como os conjuntos de níveis e os campos de fase, desempenham um papel crucial na representação exacta das interfaces dinâmicas e na previsão do comportamento complexo da precipitação e dissolução de iões. Estas ferramentas permitem simular e analisar o impacto de vários factores ambientais na distribuição e no comportamento dos iões em sistemas multifásicos.

Uma das vantagens do método do campo de fase, ou método da interface difusa, é a sua capacidade de simular a dinâmica da interface numa malha não ajustada. Isto significa que a malha não precisa de ser adaptada para se conformar com a interface, o que simplifica muito o processo de simulação. De facto, não há necessidade de seguir explicitamente a interface, tornando o método mais flexível e eficiente em comparação com outros métodos numéricos que dependem de uma malha ajustada, como o método do conjunto de níveis. A utilização de uma malha não ajustada permite que o método da interface difusa trate problemas complexos e dinâmicos de interfaces, incluindo os que têm interfaces móveis ou deformáveis, sem a necessidade de uma adaptação demorada da malha. Isto simplifica muito a modelação de sistemas em que as interfaces mudam continuamente de forma e de posição. Consequentemente, este método é particularmente atrativo para a simulação de uma vasta gama de problemas que envolvem interfaces móveis ou deformáveis. Esta flexibilidade e eficiência levou à utilização generalizada do método do campo de fase numa variedade de domínios, incluindo simulações de materiais, fluxos multifluidos e fenómenos de precipitação de iões. O modelo de campo de fase incorpora um pequeno parâmetro associado à espessura da camada de interface. Este parâmetro, embora essencial para representar a transição gradual entre fases, pode introduzir rigidez nas equações. Esta rigidez exige a utilização de técnicas numéricas especializadas para resolver as equações com exatidão. A utilização de métodos numéricos eficientes que preservem a estabilidade energética a nível discreto é crucial para obter uma solução exacta e eficiente do modelo do campo de fases. Estes métodos devem ser capazes de lidar com a rigidez introduzida pelo pequeno parâmetro de espessura da interface, mantendo a estabilidade e a exatidão das simulações. Por exemplo, podem ser utilizadas técnicas como o método dos elementos finitos e esquemas implícitos ou semi-implícitos para resolver as equações do campo de fase de uma forma estável e exacta. Como resultado, o método do campo de fase oferece uma abordagem flexível e eficiente para a simulação de interfaces dinâmicas e complexas em malhas não ajustadas. A sua utilização simplifica as simulações, mantendo uma elevada precisão, graças à integração de técnicas numéricas especializadas para gerir a rigidez das equações e preservar a estabilidade energética das soluções.

A variável de fase na equação de Cahn-Hilliard é uma representação fictícia utilizada para modelar transições de fase. Podem ser utilizadas diferentes variantes, como Cahn-Hilliard, Allen-Cahn ou outras dinâmicas, para descrever o comportamento desta variável. A escolha específica da dinâmica utilizada tem um impacto crucial na exatidão e nos resultados das simulações. Assim, a obtenção de soluções eficientes e exactas das equações de Cahn-Hilliard e Allen-Cahn é essencial para compreender e prever o comportamento dos materiais durante as transições de fase. Esta compreensão é crucial para o desenvolvimento de novos materiais com propriedades específicas e para a otimização dos materiais existentes e dos processos de fabrico. Consequentemente, os investigadores estão ativamente empenhados em explorar vários métodos numéricos para resolver estas equações de forma precisa e eficiente. O objetivo é captar de forma realista os fenómenos complexos associados às transições de fase e explorar este conhecimento para aplicações práticas. As equações de Cahn-Hilliard-Navier-Stokes tratam da evolução de dois fluidos imiscíveis, incompressíveis e isotérmicos num domínio confinado. Este sistema de equações combina a equação de Cahn-Hilliard, que descreve a evolução do parâmetro de ordem que distingue os dois fluidos, com a equação de Navier-Stokes, que modela o escoamento do fluido. Ao integrar estes dois aspectos, este sistema de equações diferenciais parciais pode ser utilizado para modelizar e compreender o comportamento de sistemas fluidos complexos, nomeadamente a separação de fases e os escoamentos multifluidos. O modelo de interface difusa é frequentemente utilizado para descrever estes sistemas, tratando a interface entre fluidos como uma zona difusa em vez de uma fronteira nítida (Fig. 1). Uma das principais vantagens do modelo de interface difusa é a sua capacidade de representar eficientemente a dinâmica da interface numa malha não ajustada. Ao contrário de outros métodos numéricos que requerem uma malha ajustada para seguir com precisão a interface, o método da interface difusa simplifica este requisito. Isto torna possível modelar problemas complexos e dinâmicos de interfaces, incluindo aqueles com interfaces móveis ou deformáveis, sem a necessidade de uma adaptação demorada da malha. Em conclusão, os modelos baseados nas equações de Cahn-Hilliard e Allen-Cahn, bem como nas equações de Cahn-Hilliard-Navier-Stokes com a utilização do modelo de interface difusa, representam ferramentas poderosas para o estudo de uma variedade de fenómenos físicos e químicos. Estes modelos são essenciais para compreender as transições de fase, as separações de fluidos e outros fenómenos complexos, tanto à escala microscópica como macroscópica. No entanto, a sua aplicação requer uma atenção cuidadosa à seleção da dinâmica apropriada e à utilização de métodos numéricos adequados para garantir resultados precisos e significativos.

A variável de fase na equação de Cahn-Hilliard é uma representação fictícia utilizada para modelar transições de fase. Podem ser utilizadas diferentes variantes, como Cahn-Hilliard, Allen-Cahn ou outras dinâmicas, para descrever o comportamento desta variável. A escolha específica da dinâmica utilizada tem um impacto crucial na exatidão e nos resultados das simulações. A obtenção de soluções eficientes e exactas das equações de Cahn-Hilliard e Allen-Cahn é, por conseguinte, essencial para compreender e prever o comportamento dos materiais durante as transições de fase. Esta compreensão é crucial para o desenvolvimento de novos materiais com propriedades específicas e para a otimização dos materiais existentes e dos processos de fabrico. Por conseguinte, os investigadores estão ativamente empenhados em explorar vários métodos numéricos para resolver estas equações de forma precisa e eficiente. O objetivo é captar de forma realista os fenómenos complexos associados às transições de fase e explorar este conhecimento para aplicações práticas. As equações de Cahn-Hilliard-Navier-Stokes tratam da evolução de dois fluidos imiscíveis, incompressíveis e isotérmicos num domínio confinado. Este sistema de equações combina a equação de Cahn-Hilliard, que descreve a evolução do parâmetro de ordem que distingue os dois fluidos, com a equação de Navier-Stokes, que modela o escoamento do fluido. Esta abordagem integrada permite modelar e compreender o comportamento de sistemas fluidos complexos, incluindo fenómenos de separação de fases e escoamentos multifluidos. O modelo de interface difusa é frequentemente utilizado para descrever estes sistemas, tratando a interface entre fluidos como uma zona difusa em vez de uma fronteira nítida. Isto proporciona uma representação mais realista e eficiente da dinâmica da interface numa malha não ajustada. Ao contrário de outros métodos numéricos, que requerem uma malha adaptada para seguir a interface com precisão, o método da interface difusa simplifica este requisito. Como resultado, pode ser utilizado para modelar problemas complexos e dinâmicos de interfaces, incluindo aqueles com interfaces móveis ou deformáveis, sem a necessidade de uma adaptação demorada da malha. Os modelos baseados nas equações de Cahn-Hilliard e Allen-Cahn, bem como as equações de Cahn-Hilliard/Navier-Stokes com a utilização do modelo de interface difusa, representam ferramentas poderosas para o estudo de uma variedade de fenómenos físicos e químicos. Estes modelos são essenciais para compreender as transições de fase, as separações de fluidos e outros fenómenos complexos a diferentes escalas, tanto microscópicas como macroscópicas. No entanto, a sua aplicação efectiva requer uma seleção rigorosa da dinâmica apropriada e a utilização de métodos numéricos adequados para garantir resultados precisos e significativos. Esta abordagem integrada não só permite modelizar estes fenómenos com precisão, como também fornece informações importantes para o desenvolvimento de novos materiais e a compreensão dos processos industriais.

Conclusão

O modelo descrito neste trabalho (equação de Allen-Cahn conservativa com um multiplicador de Lagrange) é uma extensão da equação de Allen-Cahn padrão e da equação de Navier-Stokes, adaptada para estudar a dinâmica das transições de fase em fluidos. Esta equação é uma versão modificada da equação padrão de Allen-Cahn que incorpora a conservação da massa. Normalmente, a equação de Allen-Cahn descreve a evolução de um parâmetro de ordem (como uma concentração) que distingue duas fases. A versão conservadora acrescenta uma formulação que garante que a soma das fracções de volume das fases permanece constante. O multiplicador de Lagrange dependente do espaço-tempo é uma função escalar utilizada para impor uma restrição fixa de fração de volume às duas fases do fluido. Desempenha um papel crucial na formulação do modelo, assegurando a conservação adequada das fracções de volume das fases durante a transição de fase. Este modelo é amplamente utilizado na Dinâmica dos Fluidos Computacional para estudar a separação de fases em escoamentos multifásicos. É utilizado para analisar a forma como as transições de fase afectam o comportamento global do fluido, particularmente no que diz respeito à distribuição das fases e às propriedades de transporte. Neste trabalho, o foco é uma variante específica deste modelo, conhecida como o sistema Cahn-Hilliard/Navier-Stokes (CHNS). Este sistema combina aspectos da dinâmica de fases descrita pela equação de Cahn-Hilliard com a dinâmica de escoamento descrita pelas equações de Navier-Stokes. Esta abordagem permite uma modelação integrada e precisa de sistemas fluidos complexos que passam por transições de fase. O objetivo do livro é estudar teoricamente este sistema utilizando um modelo matemático inovador baseado no modelo NS-AC (Navier-Stokes e Allen-Cahn) como um sistema não linear acoplado. Isto permite uma melhor compreensão dos fenómenos de separação de fases e fornece informações valiosas sobre o comportamento dos fluidos durante as transições de fase. Em suma, este modelo representa um avanço significativo na modelização de escoamentos multifásicos e na compreensão dos fenómenos de transição de fase, integrando aspectos fundamentais da dinâmica dos fluidos e da termodinâmica das misturas.

Capítulo II: Abordagem numérica da separação de fases

Antes de falarmos

O estudo e a análise numérica de interfaces de fluidos é uma disciplina crucial na dinâmica de fluidos computacional, com o objetivo de compreender o comportamento complexo das interfaces entre diferentes meios fluidos. Esta abordagem combina os princípios das equações de Navier-Stokes para descrever os movimentos dos fluidos com modelos como o modelo de Allen-Cahn para caraterizar as transições de fase e as interfaces. Ao integrar estes modelos, a simulação numérica pode explorar uma variedade de fenómenos, como a separação de fases, a coalescência e a dinâmica de gotículas, a diferentes escalas espaciais e temporais. Esta introdução centra-se nos métodos avançados e nas aplicações práticas da análise numérica de interfaces de fluidos, destacando o seu papel essencial na investigação científica, na engenharia e na modelação de processos industriais.

A abordagem numérica da separação de fases é uma área essencial da dinâmica de fluidos computacional, destinada a modelizar e compreender os fenómenos complexos da separação de componentes em sistemas multifásicos. Esta abordagem baseia-se na utilização de modelos matemáticos avançados e de métodos numéricos para simular as interacções entre fases fluidas e prever o seu comportamento dinâmico. A separação de fases ocorre quando misturas de fluidos, como soluções químicas ou ligas metálicas fundidas, se separam espontaneamente em duas fases distintas devido a diferenças físico-químicas como a temperatura, a composição ou a pressão. A compreensão deste processo é crucial não só para a indústria, onde é utilizado na conceção de novos materiais e em processos de fabrico, mas também para vários domínios como a biologia, o ambiente e a geologia. Os estudos numéricos da separação de fases envolvem várias etapas fundamentais, incluindo a formulação de modelos matemáticos que descrevem as forças interfaciais e os movimentos dos fluidos, a discretização destes modelos para os adaptar à resolução numérica em grelhas computacionais e, finalmente, a validação rigorosa dos resultados obtidos por comparação com dados experimentais ou soluções analíticas.

Esta secção apresenta uma exploração detalhada dos métodos e modelos utilizados para simular e analisar a dinâmica das interfaces de fluidos. Abrange as principais etapas da modelação numérica, desde a formulação matemática das equações de separação de fases até à validação dos resultados obtidos utilizando métodos numéricos. O principal objetivo deste estudo é proporcionar uma compreensão aprofundada dos processos de separação de fases e demonstrar como as simulações numéricas podem ser utilizadas para prever o comportamento de sistemas fluidos complexos. Ao apresentar exemplos concretos e discutir os desafios e oportunidades associados a esta abordagem, esperamos fornecer aos investigadores e engenheiros um guia útil para a aplicação de técnicas numéricas no seu próprio trabalho sobre fluidos multifásicos.

I. Estudo e Análise Numérica de Interfaces de Fluidos

Em geral, um sistema de interface difusa é um modelo que trata a interface entre duas fases de um material como uma região onde as propriedades do material mudam gradualmente ao longo de uma certa espessura, em vez de abruptamente. Esta abordagem permite que as transições de fase sejam modeladas de forma mais realista, capturando as variações graduais das propriedades do material dentro da interface. A equação de Allen-Cahn é uma equação diferencial parcial frequentemente utilizada para descrever a dinâmica da separação de fases em materiais. Modela a evolução de um parâmetro de ordem, que representa a concentração ou a densidade de uma fase em relação a outra, tendo em conta as forças que tendem a homogeneizar o sistema e as interacções locais que favorecem a formação de domínios distintos. As equações de Navier-Stokes descrevem o movimento dos fluidos, tendo em conta a conservação da massa, do momento e da energia. São fundamentais para a modelação de escoamentos de fluidos, quer incompressíveis quer compressíveis, e incorporam efeitos como a viscosidade e as forças externas. Ao associar a equação de Allen-Cahn às equações de Navier-Stokes num sistema com uma interface difusa, o comportamento do material ou do fluido na interface pode ser analisado de forma mais realista. Esta abordagem permite seguir a evolução de interfaces móveis, modelar as interacções entre fases e estudar os efeitos da dinâmica dos fluidos na separação de fases. No entanto, é também importante estudar o limite da interface líquida, em que a espessura da interface difusa tende para zero. Neste caso, o sistema torna-se equivalente a um modelo de interface líquida, em que a interface é tratada como uma descontinuidade entre fases. Este limite é útil para simplificar certos cálculos e para comparar os resultados dos modelos de interface difusa com soluções analíticas ou numéricas obtidas a partir de modelos de interface líquida. Em resumo, a abordagem da interface difusa permite uma modelação mais pormenorizada e realista das transições de fase, enquanto o estudo da fronteira nítida da interface fornece informações complementares e comparações úteis para validar e aperfeiçoar os modelos numéricos.

I.1 Estudo do limite da interface da rede

O estudo da fronteira líquida da interface pode ser complexo, pois requer uma análise cuidadosa do comportamento do sistema à medida que a espessura da interface tende para zero. Esta análise pode envolver o estudo do comportamento do sistema perto da interface utilizando técnicas como a análise assintótica. Em alternativa, podem ser utilizadas simulações numéricas para explorar o comportamento do sistema para pequenas espessuras de interface. Ao examinar a fronteira líquida da interface de um sistema de interface difusa que associa a equação de Allen-Cahn às equações de Navier-Stokes, podemos obter informações valiosas sobre o comportamento de materiais e fluidos complexos nas interfaces, enriquecendo a nossa compreensão de vários fenómenos físicos. Isto torna possível modelar com maior precisão a dinâmica das transições de fase e dos escoamentos multifluidos, que são essenciais em muitos domínios científicos e industriais. Para resolver o sistema de equações de Navier-Stokes /Allen-Cahn, é adoptada uma abordagem combinada usando análise dimensional e métodos de diferenças finitas. O uso da análise dimensional permite que as equações governantes sejam transformadas numa forma adimensional. Isto facilita uma representação mais compacta e revela os parâmetros não-dimensionais que governam o comportamento do sistema. As variáveis originais são divididas por quantidades de referência apropriadas para obter variáveis sem dimensão, simplificando assim as equações e tornando-as mais universais.

Após a análise dimensional, são aplicados métodos de diferenças finitas para discretizar as equações transformadas nos domínios espacial e temporal. Esta discretização aproxima as variações espaciais e temporais contínuas do sistema numa grelha, decompondo o problema num conjunto de equações algébricas que podem ser resolvidas numericamente. Os métodos de diferenças finitas fornecem um quadro numérico prático para resolver o sistema e obter soluções que captam a dinâmica do fluxo de fluidos e os fenómenos de transição de fase. Ao implementar esta metodologia dupla, o sistema de equações de Navier-Stokes/Allen-Cahn é eficientemente transformado, simplificado e tornado acessível a uma solução computacional. A análise adimensional ajuda a compreender a física subjacente, enquanto os métodos de diferenças finitas permitem que o sistema seja resolvido numericamente e que a dinâmica complexa seja capturada. Para simplificar o sistema de Navier-Stokes/Allen-Cahn para uma mistura de dois fluidos, é necessária a introdução de variáveis e parâmetros adimensionais. Este processo envolve a seleção de quantidades de referência apropriadas para o sistema de interesse e a divisão das variáveis originais por essas referências. Aqui estão as escalas que usaremos para obter números adimensionais:

$$u^* = \left(\frac{u}{U_0}\right), \mu^* = \left(\frac{\mu}{\mu_0}\right), \rho^* = \left(\frac{\rho}{\rho_0}\right), p^* = \left(\frac{p}{P_0}\right), \quad x^* = \left(\frac{x}{L}\right), \quad t^* = \tag{II.1}$$

$$\left(\frac{U_0 t}{L}\right),$$

Onde (U_0) é uma velocidade caraterística do problema, (L) é uma dimensão geométrica caraterística. Ao adotar esta abordagem, podemos não só simplificar as equações, mas também revelar os parâmetros-chave que influenciam o comportamento do sistema, facilitando a análise e a compreensão dos fenómenos de separação de fases em fluidos. Uma função g(t,x) é uma relação que atribui um único valor (g_0):

$$g_0 g^*(t^*, x^*) = \left(\mathbf{g}\left(\frac{U_0}{L}\right) t^*, (Lx^*)\right), \nabla^* g^*(t^*, x^*) = \left(\frac{U_0}{L}\right)\nabla g(t, x) \tag{II.2}$$

Podemos ter:

$$\nabla^*. u^* = 0 \tag{II.3}$$

$$\left(\rho_0 U_0{}^2 \rho^*(\boldsymbol{\varphi})\right)\left(\frac{\partial u^*}{\partial t^*} + (u^*.\nabla^*)u^*\right) - \frac{\mu_0 U_0}{L} \nabla^*.\left(2\mu^*(\boldsymbol{\varphi})\right)D^*(u^*) + \tag{II.4}$$

$$\frac{\mu_0 U_0}{L}\nabla^* p^* = \rho_0\chi L\rho^*(\boldsymbol{\varphi}) - \frac{U_0}{\tau L}\left(\frac{\partial\varphi}{\partial t^*} + (u^*.\nabla^*\boldsymbol{\varphi})\right)\nabla^*\boldsymbol{\varphi}$$

$$U_0\left(\frac{\partial\varphi}{\partial t^*} + (u^*.\nabla^*\boldsymbol{\varphi})\right) = \tau L\left(\frac{\eta}{L^2}\Delta^*\boldsymbol{\varphi} - \boldsymbol{\beta}(\boldsymbol{\varphi}^2 - \boldsymbol{\varphi})\right) \tag{II.5}$$

Com N_F é o número de Froude, N_C é o número de Cahn e R_e é o número de Reynolds. Uma vez identificadas estas grandezas, podem ser obtidas as equações de análise dimensional:

$$N_F = \left(\frac{U_0{}^2}{\chi L}\right), \ N_C = \left((\frac{\eta}{\beta})^{(\frac{1}{2})}/L\right), \ R_e = \left(\frac{\rho_0 U_0 L}{\mu_0}\right) \qquad \text{(II.6)}$$

(β, χ) são constantes positivas. Nesta secção, continuamos a nossa discussão sobre a dimensionalidade, analisando os números não dimensionais. Nesta fase, faremos uma breve introdução aos números adimensionais:

$$\nabla^* . u^* = 0 \qquad \text{(II.7)}$$

$$(\rho^*(\boldsymbol{\varphi}))\left(\frac{\partial u^*}{\partial t^*} + (u^*.\nabla^*)u^*\right) - \frac{1}{R_e}\nabla^*.\left(2\mu^*(\boldsymbol{\varphi})\right)\boldsymbol{D}^*(u^*) + \frac{1}{R_e}\nabla^* \, p^* = \qquad \text{(II.8)}$$

$$\frac{1}{N_F}\rho^*(\boldsymbol{\varphi}) - \frac{1}{(\tau\mu_0)R_e}\left(\frac{\partial \varphi}{\partial t^*} + (u^*.\nabla^*\boldsymbol{\varphi})\right)\nabla^*\boldsymbol{\varphi}$$

$$\frac{\partial \varphi}{\partial t^*} + (u^*.\nabla^*\boldsymbol{\varphi}) = -\frac{2\eta\tau}{U_0}\frac{1}{N_C}\left((N_C)^2\Delta^*\varphi + \boldsymbol{\varphi}(\boldsymbol{\varphi}^2 - \mathbf{1})\right) \qquad \text{(II.9)}$$

I.2 Resultados numéricos

Para obter resultados, apresentamos um método numérico iterativo para aproximar as soluções das equações não lineares de Cahn-Hilliard-Navier-Stokes. Esta secção inclui testes numéricos que demonstram a precisão e eficiência desta abordagem para aproximar as soluções das equações de Cahn-Hilliard-Navier-Stokes, comparando-a com outras abordagens numéricas experimentais. É importante notar que os resultados obtidos com o esquema de Crank-Nicolson para a aproximação da equação de Allen-Cahn dependerão dos parâmetros específicos do problema e das condições iniciais escolhidas (Figs. 3, 4 e 5). No entanto, em geral, o método de Crank-Nicolson é um esquema estável e exato para resolver equações de difusão como a equação de Allen-Cahn. Uma vantagem do método de Crank-Nicolson é o facto de oferecer uma precisão de segunda ordem tanto no tempo como no espaço.

Isto significa que os erros numéricos na solução diminuem à medida que o tamanho do passo de tempo e o espaçamento da grelha diminuem. Além disso, o método é incondicionalmente estável, permitindo a escolha de um tamanho de passo de tempo que é independente do coeficiente de difusão e do parâmetro de regularização. Em geral, os resultados obtidos com o esquema de Crank-Nicolson para a aproximação da equação de

Allen-Cahn devem ser exactos e estáveis, desde que os parâmetros do problema e as condições iniciais sejam escolhidos adequadamente e que o tamanho do passo de tempo e o espaçamento da grelha sejam suficientemente pequenos para satisfazer os requisitos de estabilidade e precisão do método. Apresentamos de seguida a solução numérica da evolução da concentração de uma mistura binária utilizando a equação de Allen-Cahn (Fig. 6).

A equação de Allen-Cahn é um modelo matemático utilizado para descrever a evolução de um sistema binário composto por duas fases ou estados distintos. O campo de concentração é um parâmetro que caracteriza a distribuição destas fases no domínio espacial do sistema. No contexto da equação de Allen-Cahn, o campo de concentração é uma função que quantifica a diferença de concentração entre as duas fases. Com o tempo, a interface entre as duas fases torna-se progressivamente mais suave devido ao termo de difusão da equação. Este termo actua para atenuar e reduzir os gradientes de concentração existentes no sistema. Como resultado, o campo de concentração torna-se mais uniforme e homogéneo ao longo do tempo.

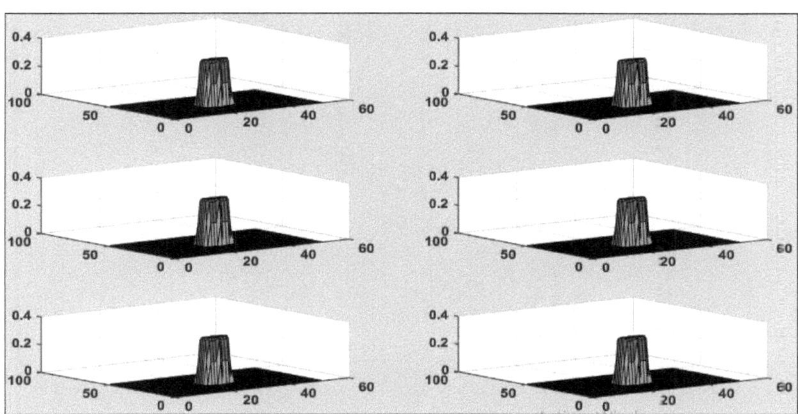

Fig. 3: Solução numérica da equação de Allen-Cahn.

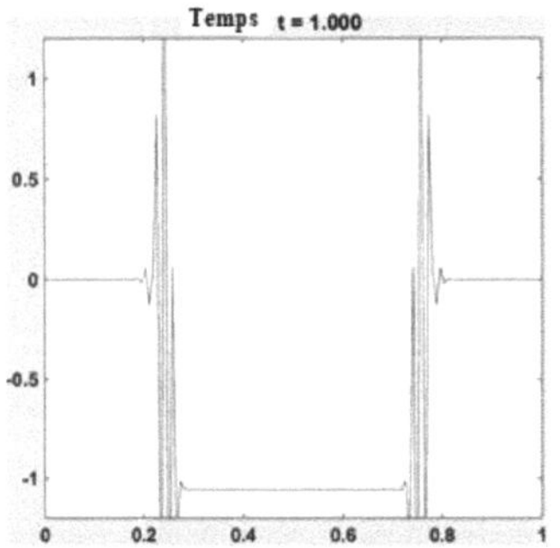

Fig. 4: Evolução temporal da equação de Allen-Cahn.

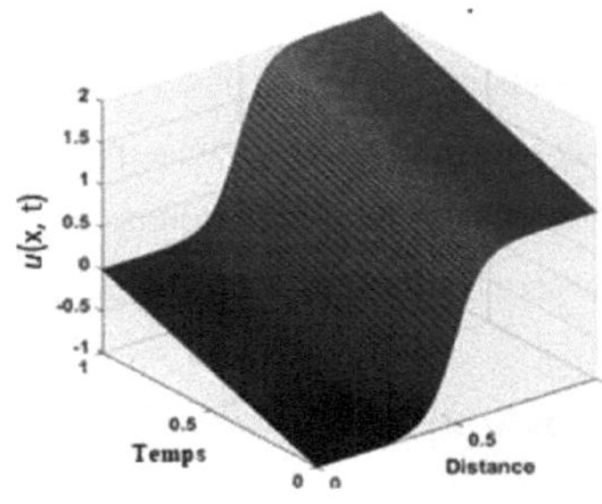

Fig. 5 Solução da equação de Allen-Cahn

$$u(x, t)$$

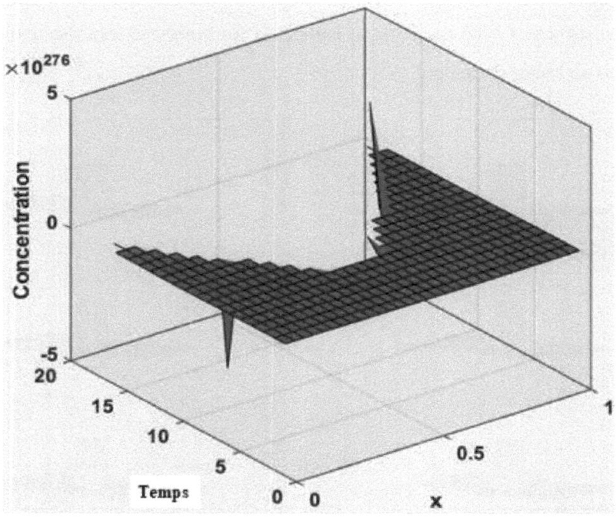

Fig. 6: Evolução da concentração de uma mistura binária utilizando a equação de Allen-Cahn.

Em termos simples, o termo de difusão na equação de Allen-Cahn tem o efeito de suavizar a interface entre as duas fases. Isto significa que a fronteira entre as fases se torna menos nítida e mais gradual. Para analisar a evolução do campo de concentração nesta equação, utilizamos uma equação diferencial parcial, que pode ser resolvida numericamente através de vários métodos. Ao resolver esta equação, podemos fazer previsões sobre como o campo de concentração evoluirá ao longo do tempo e como a interface entre as duas fases mudará. O campo de concentração desempenha um papel crucial na compreensão da dinâmica das transições de fase e é utilizado para estudar uma variedade de fenómenos físicos, incluindo o crescimento de cristais, a formação de padrões em fluidos e o comportamento de materiais magnéticos.

O método das diferenças finitas é utilizado para obter resultados numéricos, que são depois visualizados utilizando a função surf na (Fig. 7). Nesta implementação, especificamos vários parâmetros para o problema, incluindo o comprimento do domínio nas direcções x e y, o tempo final, o número de pontos de grelha em cada direção, o espaçamento da grelha, o tamanho do passo de tempo, o parâmetro de difusividade alfa e o parâmetro de potencial de poço duplo epsilon. Posteriormente, definimos o operador Laplaciano discreto utilizando aproximações de diferenças finitas e procedemos à resolução da equação de Allen-Cahn utilizando um ciclo de passos temporais. Em cada passo de tempo, criamos primeiro uma cópia da solução atual *(u)*, denotada por *(u_old)*. Em seguida, resolvemos o sistema linear e transformamos o vetor de solução achatado numa grelha 2D. Finalmente, aplicamos o potencial de poço duplo à solução usando a função *(np.tanh)*. Após o ciclo de passos de tempo, traçamos a solução final.

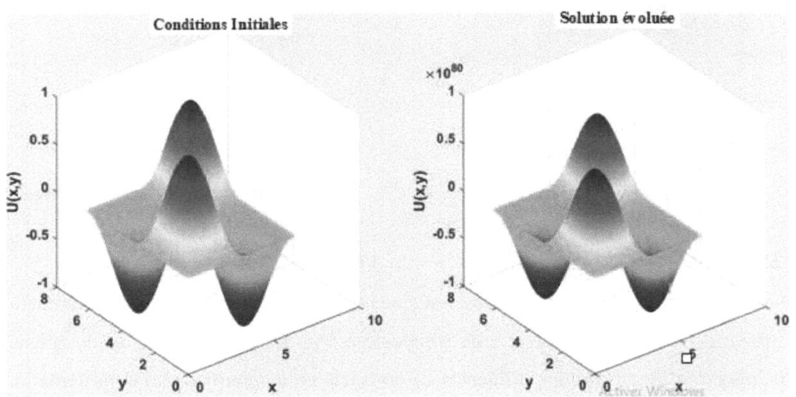

Fig. 7: Solução evolutiva da equação de Allen-Cahn em 2D (x, y).

A decomposição em valores singulares (SVD) da matriz de instantâneos, obtida a partir de uma coleção de instantâneos de soluções tomadas ao longo do tempo, permite-nos identificar os modos dominantes de variabilidade presentes na solução. Os valores singulares na (SVD) indicam o conteúdo energético associado a cada modo. Um rápido decaimento dos valores singulares sugere que a maior parte da energia na solução está concentrada em alguns modos dominantes. Isto implica que a solução pode ser bem aproximada por um subespaço de dimensão inferior formado por estes modos dominantes, em vez de pelo espaço de dimensão total que engloba todas as variáveis discretizadas. Ao projetar a solução neste subespaço, podemos obter uma aproximação exacta da solução utilizando um conjunto reduzido de variáveis. Isto constitui a base de várias técnicas de redução de modelos destinadas a identificar e projetar a solução nos modos dominantes. Estas técnicas são utilizadas para reduzir a complexidade computacional das simulações, mantendo a exatidão. No caso dos sistemas de separação de fases, a equação de Allen-Cahn é uma equação diferencial parcial utilizada para descrever a evolução de um parâmetro de ordem escalar. Este parâmetro de ordem pode ser interpretado como representando a concentração de uma substância (Figs. 8 e 9).

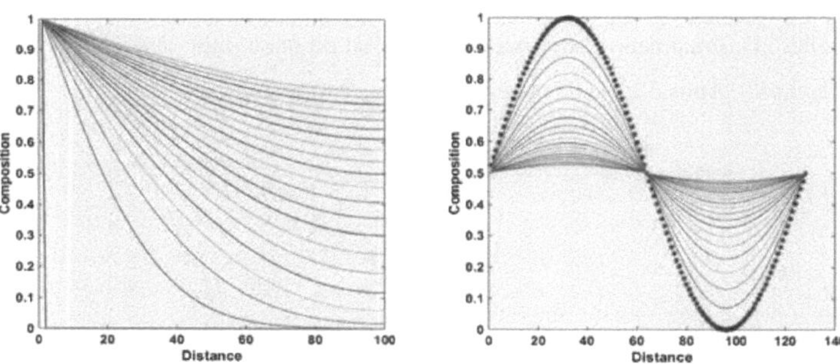

Fig. 8: Concentração à superfície.   **Fig. 9.** Perfil de concentração 1D.

Num sistema em separação de fases, podemos estender a equação de Allen-Cahn para incorporar os efeitos da distância e da composição. Ao modificar a equação de Allen-Cahn, podemos ter em conta a influência da distância no comportamento do sistema. A equação de Allen-Cahn é uma equação diferencial parcial utilizada para descrever a evolução de um parâmetro escalar, que representa a concentração de uma substância. Do mesmo modo, nos sistemas de dois componentes, podemos introduzir um campo de composição para modelar as interacções entre os diferentes componentes do sistema. Esta extensão permite-nos compreender e prever melhor a dinâmica complexa da separação de fases, considerando tanto as variações espaciais como as diferenças de composição. Podemos introduzir um campo de composição $c(x)$ que caracteriza a concentração local de soluto. Em ambos os casos, é incluído um termo adicional na equação para ter em conta o impacto da distância ou da composição na evolução do parâmetro de ordem. Esta formulação melhorada fornece uma representação mais realista da separação de fases em sistemas complexos, onde estes factores desempenham um papel significativo.

A incorporação dos efeitos da distância e da composição na equação de Allen-Cahn pode conduzir a alterações significativas no perfil de concentração de um sistema em fase de separação de fases. Quando a dependência da distância é considerada, o sistema tende a desenvolver regiões distintas caracterizadas por concentrações diferentes, separadas por interfaces nítidas. A função distância actua como uma força motriz para a formação destas interfaces. As regiões mais próximas da fronteira têm concentrações mais elevadas de soluto ou de componente, criando gradientes de concentração acentuados. Com o tempo, essas interfaces sofrerão movimentos e mudanças de forma ditadas pela dinâmica regida pela equação de Allen-Cahn. Isto significa que as fronteiras entre regiões de concentração diferente podem mover-se, fundir-se ou separar-se, dependendo das condições iniciais e dos parâmetros do sistema. Ao ter em conta tanto a distância como a composição, obtemos um modelo mais preciso dos fenómenos de separação de fases, tornando possível prever a evolução temporal dos perfis de concentração e a formação de estruturas internas no sistema. Da mesma forma, ao incorporar a dependência da composição na equação de Allen-Cahn, o perfil de concentração passa a ser influenciado pela concentração local do soluto ou componente, representada pelo campo de composição $c(x)$. Isto leva à formação de regiões com concentrações altas e baixas, separadas por interfaces difusas onde a concentração muda gradualmente de um valor para outro. Mais uma vez, a dinâmica da equação de Allen-Cahn determina a evolução do perfil de concentração ao longo do tempo. Ao incluir efeitos de distância e composição, a equação de Allen-Cahn oferece uma abordagem de modelização mais realista para a separação de fases em sistemas complexos, onde estes factores desempenham um papel crucial na determinação do perfil de concentração.

No caso de dois fluidos imiscíveis e incompressíveis, (Fig. 10) ilustra como uma interface em forma de estrela progride num fluxo influenciado pela curvatura.

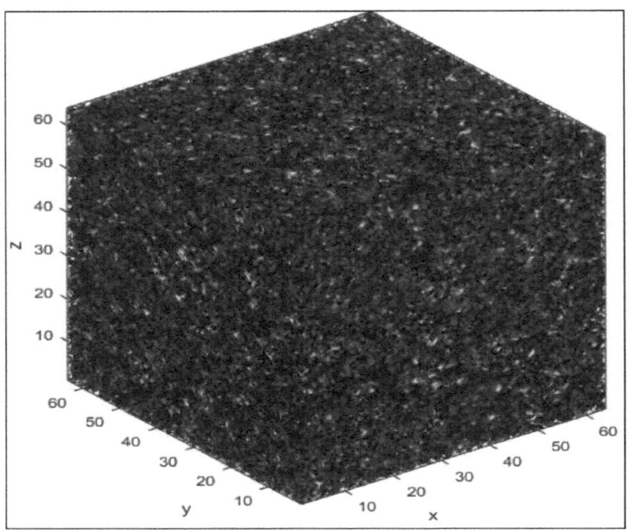

Fig. 10. Interface 3D entre dois fluidos imiscíveis e incompressíveis.

Esta forma de interface desenvolve-se à medida que os dois fluidos interagem, e é influenciada pelos gradientes de curvatura presentes no sistema. A evolução temporal desta interface entre os dois fluidos é descrita matematicamente pela equação de Cahn-Hilliard. Esta equação diferencial parcial capta a forma como o campo de parâmetros de ordem escalar, que representa a concentração ou composição local dos fluidos, varia no espaço e no tempo. A própria interface é visualizada como uma iso-superfície deste campo escalar, o que significa que esta superfície representa os pontos onde o valor do campo é constante. Além disso, a equação de Cahn-Hilliard é formulada para descrever a dinâmica da separação de fases em sistemas onde coexistem duas fases imiscíveis. Tem em conta as forças de curvatura que levam à formação e evolução de estruturas de interface complexas, tais como as observadas na (Fig. 10).

Esta equação é crucial para compreender como os padrões e formas das interfaces de fluidos evoluem ao longo do tempo sob a influência de forças de superfície e gradientes de concentração.

$$\frac{\partial \phi}{\partial t} = M \, \nabla^2 \left(\frac{\Delta G}{\Delta \phi}\right) - \varsigma \, (\nabla^4 \phi) \qquad \text{(II.10)}$$

Onde (φ) é o parâmetro de ordem, (M) é o coeficiente de mobilidade, ($\Delta G/\Delta \varphi$) é a densidade de energia livre, ς é o coeficiente de energia de gradiente. A solução para a equação fornece a evolução da interface entre os dois fluidos ao longo do tempo. A iso-superfície resultante pode ser visualizada utilizando uma variedade de técnicas, incluindo cubos de corrida, traçado de raios e renderização de volumes. Estes métodos de visualização permitem uma representação pormenorizada da interface e da sua evolução ao longo da simulação.

A decomposição espinodal pode ser modelada utilizando a equação de Cahn-Hilliard, que capta a dinâmica do parâmetro de ordem num sistema em fase de separação de fases. O parâmetro de ordem é uma variável que indica o grau de mistura entre as duas fases distintas de um material. Pode assumir diferentes valores para representar as diferentes fases, tornando possível seguir a evolução da estrutura do material ao longo do tempo. Na decomposição espinodal, uma fase inicialmente homogénea divide-se em duas fases distintas devido à instabilidade termodinâmica. Este fenómeno ocorre quando o sistema atinge uma determinada condição de temperatura e concentração, tornando a fase homogénea instável e favorecendo a formação de domínios ricos e pobres num dos componentes da mistura. A equação de Cahn-Hilliard é uma equação diferencial parcial que descreve a dinâmica desta decomposição espinodal. Tem em conta tanto a difusão como as interacções de campo próximo entre os componentes da mistura. Esta equação modela a forma como o parâmetro de ordem evolui no tempo e no espaço, em resposta aos gradientes de concentração e às forças de difusão que tendem a minimizar a energia livre do sistema. A equação de Cahn-Hilliard pode ser expressa da seguinte forma:

$$\frac{\partial \phi}{\partial t} = M \, \nabla^2 (\phi^3 - \phi - \varsigma^2 \, \nabla^2 \phi) \qquad \text{(II.11)}$$

O termo ∇^2 (representa o operador Laplaciano), que descreve a variação espacial do parâmetro de ordem. Para visualizar a evolução da iso-superfície, podemos utilizar técnicas como o traçado de contornos ou o traçado de superfícies para representar a interface entre as duas fases (Fig. 11). A iso-superfície representa a fronteira entre as regiões onde o parâmetro de ordem tem valores positivos e negativos, correspondendo às duas fases distintas. À medida que o sistema evolui, esta fronteira tornar-se-á cada vez mais complexa e fragmentada, formando um padrão de domínios interligados caraterístico da decomposição espinodal.

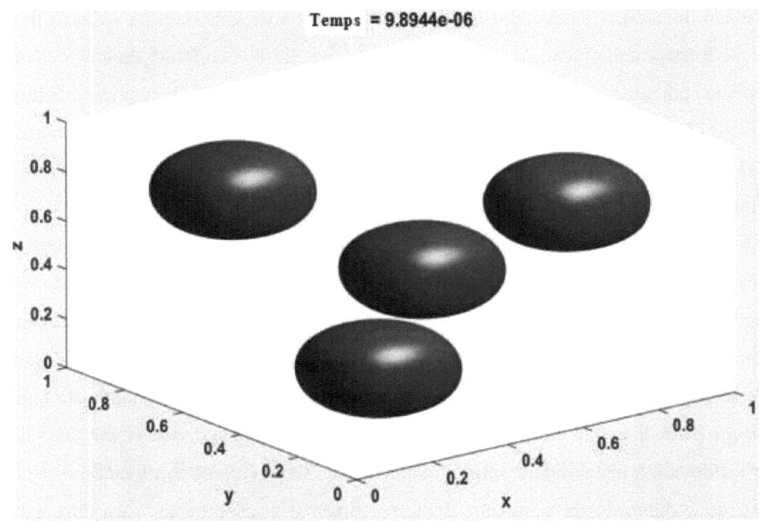

Fig. 11 Iso-superfície (3D) entre dois fluidos imiscíveis e incompressíveis.

A equação de Allen-Cahn é uma equação de reação-difusão utilizada para descrever a dinâmica da separação de fases em ligas binárias, em que a concentração de um componente varia em diferentes regiões do material. Esta equação modela a evolução da concentração de um componente ao longo do tempo e do espaço, incorporando termos de difusão e de reação para captar os mecanismos subjacentes à separação de fases. O termo de difusão na equação de Allen-Cahn descreve o movimento de átomos ou moléculas em resposta a gradientes de concentração, tendendo a homogeneizar a distribuição da concentração. O termo de reação, por outro lado, representa as interacções locais entre os componentes, favorecendo a formação de domínios distintos e a separação de fases. Em conjunto, estes termos conduzem o sistema para um estado de menor energia, onde os componentes são separados em fases distintas com interfaces claras entre elas. Para analisar este sistema complexo, utilizamos duas abordagens numéricas principais: métodos espectrais e métodos de diferenças finitas. Estes métodos resolvem a equação de Allen-Cahn de forma exacta e eficiente, oferecendo conhecimentos complementares sobre a dinâmica da separação de fases. Os métodos espectrais utilizam séries de funções ortogonais, como as séries de Fourier ou os polinómios de Chebyshev, para representar a solução da equação. Esta abordagem é particularmente útil para problemas periódicos ou para aqueles em que é necessária uma elevada precisão em todo o domínio computacional. Os métodos espectrais permitem calcular o perfil de concentração com um elevado grau de precisão e seguir a sua evolução temporal através da resolução das equações no espaço de frequências. Os métodos de diferenças finitas, por outro lado, aproximam as derivadas por diferenças finitas numa grelha discreta. Esta abordagem é mais intuitiva e frequentemente mais fácil de implementar para geometrias complexas ou condições de fronteira variadas. Os métodos de diferenças finitas permitem-nos seguir a evolução do perfil de concentração através da resolução da equação de Allen-Cahn em cada ponto da grelha ao longo do tempo. A energia interfacial, que é uma medida da energia associada à presença de interfaces entre fases separadas, também pode ser calculada utilizando estas duas técnicas. Esta energia desempenha um papel crucial na dinâmica da separação de fases, influenciando a forma e a estabilidade das interfaces. Ao calcular a energia interfacial, podemos entender melhor como as interfaces evoluem e como elas contribuem para o estado final do sistema. Ao combinar métodos espectrais e de diferenças finitas, obtemos uma imagem completa da separação de fases em ligas binárias. Estas técnicas permitem-nos resolver a equação de Allen-Cahn com elevada exatidão, seguir a evolução do perfil de concentração ao longo do tempo e determinar a energia interfacial, fornecendo assim informações valiosas sobre os mecanismos de separação de fases e as propriedades dos materiais resultantes.

O método das diferenças finitas (FDM) para o cálculo da concentração é uma abordagem numérica amplamente utilizada para resolver a equação de Allen-Cahn. Envolve a discretização da equação numa grelha regular, substituindo as derivadas parciais por aproximações de diferenças finitas. Este método transforma a equação diferencial contínua num conjunto de equações algébricas discretas que podem ser resolvidas utilizando algoritmos numéricos. O método das diferenças finitas tem sido aplicado com sucesso a uma variedade de problemas físicos e de engenharia que envolvem a separação de fases e a formação de padrões. Por exemplo, em ligas binárias, a equação de Allen-Cahn pode modelar a dinâmica da separação de fases em que dois componentes inicialmente misturados se separam em domínios distintos ao longo do tempo. Os padrões formados podem representar estruturas de micro ou nanoescala, tais como precipitados em materiais metálicos ou padrões de fase em polímeros. Para aplicar o método das diferenças finitas, a equação de Allen-Cahn é discretizada tanto no tempo como no espaço. A estabilidade e a precisão deste método dependem crucialmente da seleção dos passos no tempo (Δt) e no espaço (Δx). É necessária uma escolha adequada de (Δt) e (Δx) para garantir que a solução numérica converge para a solução exacta da equação. A região espacial é dividida numa grelha regular, em que cada ponto da grelha representa uma posição discreta no espaço. As derivadas espaciais da equação de Allen-Cahn são aproximadas por diferenças finitas centradas ou descentradas. O tempo também é discretizado em intervalos regulares. As derivadas temporais são aproximadas utilizando esquemas tais como diferenças para a frente, para trás ou centradas. Um esquema comum é o esquema explícito de Euler. A estabilidade e a precisão do método das diferenças finitas para calcular a concentração na equação de Allen-Cahn são fortemente influenciadas pela escolha dos passos no tempo e no espaço. Um critério de estabilidade comum é o critério de Courant-Friedrichs-Lewy (CFL), que estabelece que o passo de tempo deve ser suficientemente pequeno comparado com o quadrado do passo de espaço para garantir a estabilidade do esquema explícito. Escolhendo (Δt) e (Δx) de forma adequada, o método das diferenças finitas pode fornecer soluções exactas e estáveis para a equação de Allen-Cahn, permitindo que a separação de fases e a dinâmica de formação de padrões sejam captadas de forma eficiente. As figuras (12) e (13) mostram exemplos da concentração calculada e dos padrões formados utilizando este método, realçando a importância dos parâmetros de discretização na exatidão dos resultados obtidos.

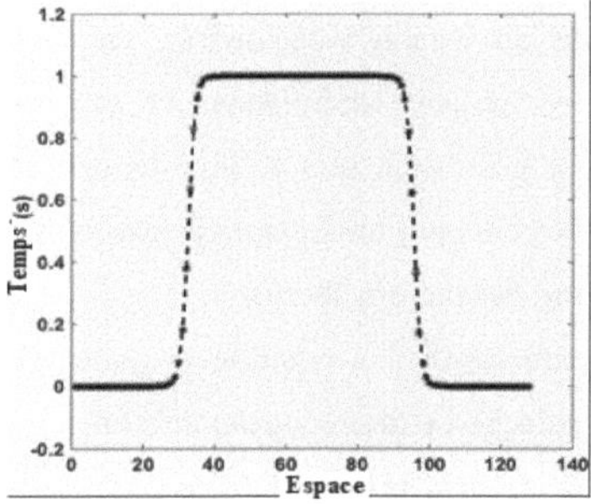
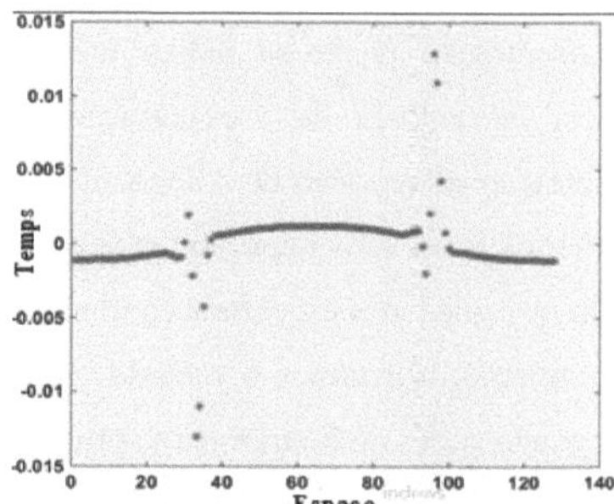

Fig. 12 Concentração com (MDF)   Fig. 13: Concentração pelo método espetral

A equação de Allen-Cahn é uma equação de reação-difusão que rege a dinâmica da separação de fases em ligas binárias, em que a concentração de um componente varia em diferentes regiões. Esta equação incorpora um termo de difusão e um termo de reação, que facilitam a separação de fases, empurrando o sistema para um estado de energia mais baixo. Para analisar o sistema, usamos métodos espectrais e de diferenças finitas. Estes métodos permitem-nos calcular o perfil de concentração, seguir a sua evolução no tempo e determinar a energia interfacial utilizando ambas as técnicas. O método das diferenças finitas (FDM) para calcular a concentração é uma abordagem numérica amplamente utilizada para resolver a equação de Allen-Cahn. Tem sido aplicado com sucesso a uma variedade de problemas físicos e de engenharia que envolvem a separação de fases e a formação de padrões (Fig. 12). A estabilidade e a precisão do método das diferenças finitas para calcular a concentração na equação de Allen-Cahn dependem da seleção dos passos no tempo e no espaço (Fig. 13). O espetro de concentração da equação de Allen-Cahn é objeto de investigação contínua em física matemática e análise não linear, conduzindo a várias descobertas significativas. No entanto, uma compreensão completa das propriedades espectrais da equação continua a ser um problema em aberto. O espetro de concentração está intimamente relacionado com a estabilidade dos estados estacionários da equação de Allen-Cahn. Mais precisamente, os valores de concentração do operador diferencial na equação determinam as taxas de crescimento ou decaimento exponencial das perturbações em torno dos estados estacionários. A presença de valores de concentração positivos indica instabilidade do estado estacionário, enquanto a ausência de valores de concentração positivos indica estabilidade. O espetro de concentração da equação de Allen-Cahn continua a ser uma área de investigação ativa, com muitos resultados importantes já obtidos. No entanto, uma caraterização completa das suas propriedades espectrais continua a ser um desafio em aberto.

No entanto, utilizamos o método espetral para resolver a equação de Allen-Cahn, empregando séries de Fourier para aproximar a solução de uma equação diferencial. Este método permite que a solução seja representada em termos de componentes de frequência, proporcionando uma abordagem precisa para captar variações espaciais finas. Em paralelo, utilizamos o método das diferenças finitas, uma técnica numérica que aproxima as derivadas de uma função por diferenças finitas calculadas entre pontos discretos. Este método é particularmente útil para resolver equações diferenciais numa grelha discreta, facilitando a implementação de esquemas de discretização temporal e espacial. Para avaliar a energia interfacial, aplicamos dois métodos distintos: o primeiro baseia-se no perfil de concentração e consiste na integração da densidade de energia interfacial ao longo da interface; o segundo método baseia-se no gradiente do perfil de concentração, calculando diretamente a energia associada às variações espaciais da concentração. A energia interfacial é uma medida essencial da energia necessária para criar uma interface entre duas fases distintas. Ela desempenha um papel crucial no estudo da separação de fases, pois influencia a dinâmica e a estabilidade das interfaces. Em seguida, traçamos a diferença entre os perfis de concentração obtidos com os dois métodos, permitindo a visualização de possíveis discrepâncias. Esta comparação é fundamental para avaliar a precisão e a fiabilidade das soluções numéricas derivadas de cada método. Também comparamos os resultados de energia interfacial obtidos pelas duas abordagens numa tabela (Tabela 1).

Etiquetas de coluna	Energia de diferença finita	Energia espetral
Densidade	0.16215	0.16643
Gradiente	0.15999	0.16698

Total	0.32215	0.33341

Tabela. 1 Resultados da energia interfacial.

Esta comparação fornece uma verificação valiosa da exatidão das soluções numéricas, realçando os pontos fortes e as limitações de cada método. Em última análise, esta análise comparativa permite uma melhor compreensão do desempenho dos métodos espectrais e de diferenças finitas no contexto da resolução da equação de Allen-Cahn.

A equação de Allen-Cahn também pode ser resolvida numericamente utilizando o método das diferenças finitas de energia (EFDM). Especificamente, o método das diferenças finitas para a concentração na equação de Allen-Cahn pode ser formulado da seguinte forma:

$$u_i^{(n+1)} = u_i^{(n)} + \Delta t \left[\frac{\epsilon^2 \left(u_{i+1}^{(n)} - 2u_i^{(n)} + u_{i-1}^{(n)} \right)}{(\Delta x)^2} - u_i^{(n)} \left(u_i^{(n)} - 1 \right) \left(u_i^{(n)} + 1 \right) \right]$$

(II.12)

Onde $(u_i^{(n)})$ é a aproximação numérica do parâmetro de ordem $(u(x_i, t_i))(\Delta t)$ e (Δx) são os passos no tempo e no espaço, respetivamente, e os expoentes $((n)$ e $(n+1)$ referem-se aos passos de tempo (t_n) e (t_{n+1}), respetivamente. O primeiro termo do lado direito da equação representa o termo de difusão, enquanto o segundo termo representa o termo de reação não linear. Na aproximação por diferenças finitas (FDM), estes termos são avaliados em pontos discretos da grelha espacial e temporal. A estabilidade e a precisão do método das diferenças finitas para a concentração na equação de Allen-Cahn dependem da escolha dos passos no tempo e no espaço. O passo de tempo deve satisfazer a condição de Courant-Friedrichs-Lewy (CFL), que exige que: $(\Delta t \leq (\Delta x)^2 / (4\epsilon^2))$. Além disso, o passo espacial deve ser suficientemente pequeno para resolver a camada de transição entre as duas fases da mistura binária. Por outro lado, o método das diferenças finitas energéticas (EFDM) é uma abordagem que combina o método das diferenças finitas com princípios energéticos para resolver equações diferenciais parciais, incluindo a equação de Allen-Cahn. Na abordagem EFDM aplicada à equação de Allen-Cahn, o parâmetro de ordem u(x, t) é tratado como uma função potencial de energia, e a aproximação numérica de (u) é obtida através da minimização da energia potencial total do sistema. A energia potencial total é definida como a soma das contribuições de energia potencial de cada ponto discretizado no domínio espacial. A EFDM discretiza o domínio espacial num conjunto finito de pontos discretos e aproxima o parâmetro de ordem como uma função linear por partes definida sobre os pontos da grelha. A evolução temporal do parâmetro de ordem é determinada pela minimização da energia potencial total do sistema, preservando simultaneamente propriedades físicas como a conservação da massa e da energia. O EFDM para a equação de Allen-Cahn tem várias vantagens sobre os métodos tradicionais de diferenças finitas. Por exemplo, conserva naturalmente a massa e a energia, e está isento de oscilações espúrias e outros artefactos numéricos. No entanto, o EFDM é mais dispendioso do ponto de vista computacional do que os métodos tradicionais de diferenças finitas e pode exigir algoritmos e software especializados. Na abordagem ESM aplicada à equação de Allen-Cahn, o parâmetro de ordem $\left(u(x,t)\right)$ é representado como uma série de Fourier:

$$u(x,t) = \sum_k 1^N [\, ak(t)\cos(kx) + bk(t)\sin(bx)] \qquad \text{(II.13)}$$

Onde (ak) e (bk) são os coeficientes da série de Fourier, e N é o número de modos de Fourier utilizados na aproximação. A evolução temporal dos coeficientes (ak) e (bk) é determinada pela resolução de um sistema de equações diferenciais ordinárias, derivadas da aplicação da transformada de Fourier à equação de Allen-Cahn. Esta abordagem permite-nos captar com precisão as oscilações de alta frequência e outras mudanças rápidas na solução. Podemos obter uma representação exacta das oscilações de alta frequência e de outras mudanças rápidas na solução utilizando a EFDM. Além disso, o EFDM é computacionalmente eficiente, especialmente para problemas com condições de fronteira periódicas. No entanto, o Método Espectral de Energia (ESM) tem algumas limitações. Por exemplo, pode não ser adequado para problemas que envolvam fronteiras irregulares ou geometrias complexas, e pode exigir a utilização de algoritmos e software especializados. No entanto, o método do espetro de energia continua a ser uma abordagem numérica poderosa, capaz de resolver com precisão e eficiência a equação de Allen-Cahn, bem como outras equações diferenciais parciais.

A resolução da equação de Allen-Cahn acoplada às equações de Navier-Stokes utilizando diferenças finitas envolve uma combinação de métodos de diferenças finitas para ambas as equações. Aqui está um código básico que ilustra a solução numérica. Este estudo apresenta uma abordagem numérica para simular a dinâmica de uma gota tridimensional que sofre separação de fases num fluido regido pela equação de Allen-Cahn acoplada às equações de Navier-Stokes. O método numérico utilizado emprega técnicas de diferenças finitas para discretizar as equações diferenciais parciais, permitindo explorar a evolução da morfologia da gota e as características do escoamento do fluido (Fig. 14. a. b. c. d). A equação de Allen-Cahn é discretizada no tempo utilizando um esquema explícito de diferenças finitas. As derivadas espaciais são aproximadas por diferenças centrais. É dado um passo de tempo para atualizar o parâmetro de ordem (ϕ). A discretização das equações incompressíveis de Navier-Stokes é efectuada utilizando uma abordagem de grelha deslocada. Além disso, é implementado um método de dois passos para dividir a solução em passos de previsão e de correção. Em seguida, é utilizado um processo iterativo para atualizar os campos de velocidade e pressão, assegurando que as restrições de continuidade são satisfeitas. A equação de Allen-Cahn é acoplada às equações de Navier-Stokes através do termo de advecção na equação de Allen-Cahn e do termo de momento nas equações de Navier-Stokes. Uma estratégia de acoplamento iterativa assegura a coerência entre o parâmetro de ordem e os campos de escoamento do fluido.

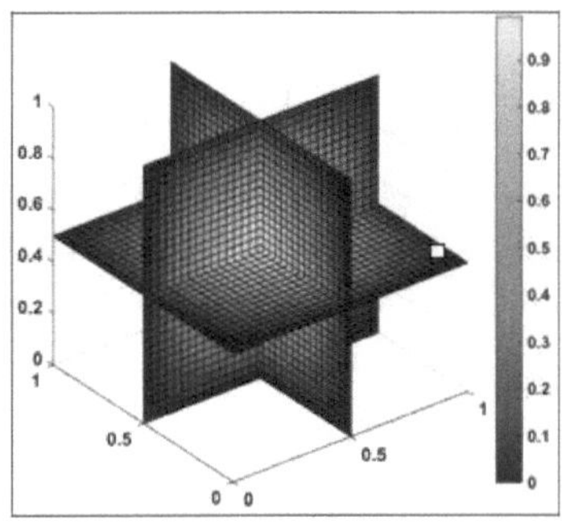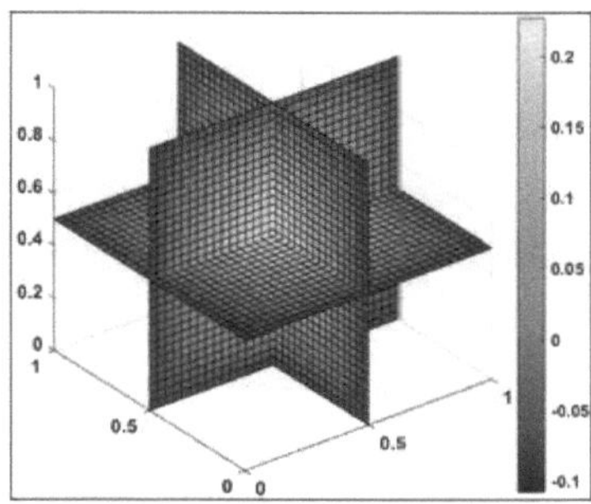

Fig. 14.a. Resolução das equações de Allen-Cahn / Navier-Stokes em 3D (0 segundos).

Fig. 14.b. Resolução das equações de Allen-Cahn / Navier-Stokes em 3D (0,2 segundos).

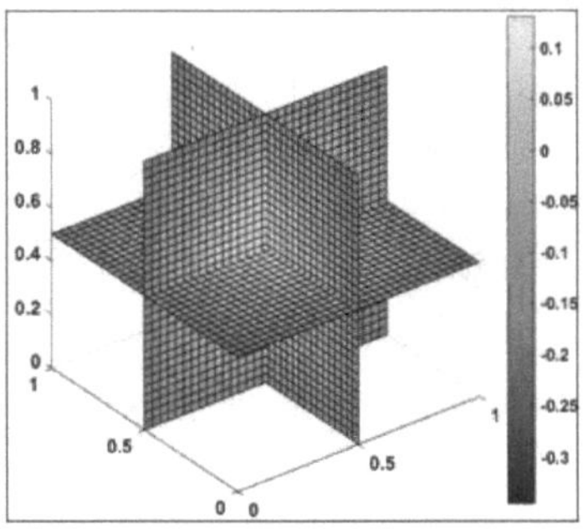

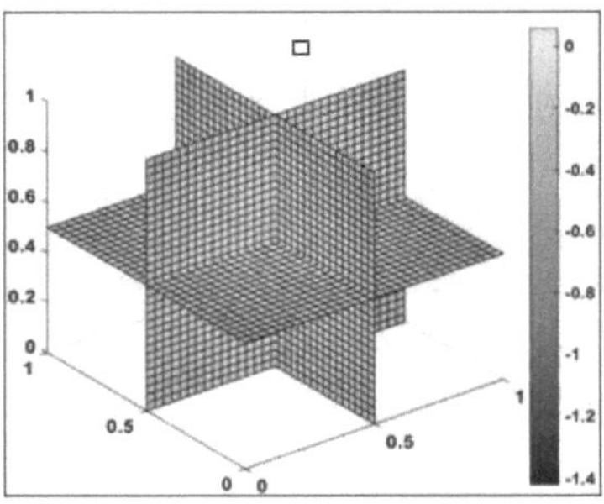

Fig. 14.c. Resolução das equações de Allen-Cahn / Navier-Stokes em 3D (0,3 segundos).

Fig. 14.d. Resolução das equações de Allen-Cahn / Navier-Stokes em 3D (0,5 segundos).

A equação de Allen-Cahn e as equações de Navier-Stokes estão interligadas através da incorporação do termo de advecção da equação de Allen-Cahn e do termo de momento das equações de Navier-Stokes. Para garantir a coerência entre o parâmetro de ordem e os campos de fluxo de fluido, é utilizada uma estratégia de acoplamento iterativa. A simulação ilustra eficazmente a evolução dinâmica da morfologia das gotículas, destacando os fenómenos de separação de fases ao longo do tempo. São utilizadas técnicas de visualização, incluindo renderizações (3D) e secções transversais, para analisar a estrutura interna da gota. A abordagem numérica modela habilmente a complexa interação entre a separação de fases e o fluxo de fluidos em três dimensões. Além disso, a metodologia numérica apresentada estabelece um quadro sólido para o estudo das equações de Allen-Cahn e Navier-Stokes em (3D). Os conhecimentos adquiridos com estas simulações contribuem significativamente para o avanço da nossa compreensão da dinâmica das gotículas em ambientes fluidos complexos.

Conclusão

Neste estudo, apresentámos um método numérico iterativo para aproximar as soluções das equações não lineares de Cahn-Hilliard-Navier-Stokes. Os testes numéricos efectuados demonstram a precisão e eficiência desta abordagem, fornecendo aproximações robustas às soluções destas equações complexas. Ao compararmos os nossos resultados com outras abordagens experimentais e numéricas, validámos a superioridade do nosso método em termos de desempenho e fidelidade da simulação. Estes resultados sublinham a importância da nossa abordagem para a resolução de problemas de escoamento multifásico e de separação de fases, abrindo novas perspectivas de aplicação em vários domínios científicos e industriais.

Capítulo III: Resultados experimentais

I. Introdução

A história dos resultados experimentais que validam a equação de Allen-Cahn remonta a várias décadas, constituindo um marco crucial na confirmação e aplicação desta equação na física e na ciência dos materiais. As primeiras tentativas de validação experimental da equação de Allen-Cahn remontam a trabalhos pioneiros no domínio da separação de fases em ligas binárias. Ao longo do tempo, os investigadores realizaram uma série de experiências para comparar as previsões teóricas da equação de Allen-Cahn com observações empíricas da separação real de fases em vários materiais. Estas experiências envolveram frequentemente a utilização de técnicas avançadas de imagem e de análise microscópica para estudar a morfologia das fases, a cinética da separação de fases e a medição dos perfis de concentração. Os resultados experimentais ajudaram a aperfeiçoar e validar os parâmetros físicos e os coeficientes da equação de Allen-Cahn, tais como a energia interfacial, a difusão e outros parâmetros da cinética da interface. Esta validação experimental é essencial para avaliar a capacidade da equação de Allen-Cahn para modelar com precisão fenómenos complexos como a formação de padrões, a coalescência e o crescimento de fases em sistemas físicos reais. Como resultado, os resultados experimentais reforçaram a relevância e a aplicabilidade da equação de Allen-Cahn em vários domínios científicos e tecnológicos, desde a metalurgia e os materiais poliméricos até à física dos materiais e à biologia. Continuam a desempenhar um papel crucial no aperfeiçoamento dos modelos teóricos e na inovação tecnológica baseada na compreensão dos fenómenos de separação de fases.

II. Resultados

A fim de definir com precisão o erro e os limites assintóticos, foi efectuada uma investigação exaustiva sobre os resultados numéricos. Esta investigação abrangeu uma vasta gama de abordagens, desde experiências numéricas até à análise detalhada do comportamento próximo de singularidades. A equação de Allen-Cahn, conhecida pela sua natureza conservadora, é amplamente utilizada como modelo para estudar a dinâmica de interfaces móveis entre duas fases. Estas fases podem incluir interfaces como líquido-gás ou sólido-líquido. Este modelo matemático permite captar e prever com precisão a forma como estas interfaces evoluem ao longo do tempo, em resposta a gradientes de temperatura, concentração ou outros factores que influenciam as transições de fase. Esta versão detalhada esclarece como a investigação abordou aspectos numéricos e teóricos para delinear erros e comportamentos assintóticos, utilizando a equação de Allen-Cahn como principal ferramenta para modelar interfaces de fase em diferentes sistemas. Esta equação tem em conta a influência da velocidade do fluido na interface (u).

$$\frac{\partial \phi}{\partial t} + \nabla \cdot (\phi u) = \nabla \cdot [M(\nabla \phi - \xi n)] \tag{III.1}$$

Onde, o parâmetro (λ), no lado direito da equação de Allen-Cahn, é a norma do vetor gradiente de (ϕ_{eq}) no equilíbrio. Para melhorar a qualidade das simulações e aperfeiçoar a sua precisão, a distribuição de gotículas, caracterizada por uma distribuição Rosin-Rammler (também conhecida como distribuição Rosin-Rammler-Sperling-Bennett ou RRSB), é utilizada no modelo. Nas simulações, são utilizadas duas representações distintas da distribuição experimental de gotículas. Esta subsecção centra-se na explicação da representação de Rosin-Rammler, fornecendo uma exploração aprofundada da teoria subjacente que rege esta distribuição.

$$F(D) = e^{-\left(\frac{D}{d}\right)^{n}} \tag{III.2}$$

Este é um modelo matemático que descreve a função de distribuição cumulativa (CDF) de uma população de partículas ou gotículas em função do seu tamanho. Nesta equação, ($D=60\mu m$) representa o diâmetro da gota, (d) é o diâmetro caraterístico e ($n=2,25$) é o parâmetro de distribuição. Os parâmetros (d) e (n), obtidos a partir do ajuste, são utilizados para descrever a distribuição do tamanho das gotas no seu sistema. Para efeitos de validação, comparamos sistematicamente os nossos resultados numéricos com dados estabelecidos e documentados na literatura científica existente. Este benchmarking é um passo crucial na avaliação da fiabilidade e precisão dos nossos resultados de simulação em comparação com resultados previamente validados. Ao alinhar as nossas condições de simulação com as condições detalhadas na literatura, pretendemos validar a fidelidade do nosso modelo e garantir a sua capacidade de representar com precisão os fenómenos físicos sob investigação (Fig. 15 e Fig. 16). As nossas simulações numéricas mostram uma concordância significativa com os resultados experimentais, sublinhando a robustez e a precisão do nosso modelo numérico na representação fiel dos fenómenos físicos observados. Esta convergência entre os nossos dados simulados e experimentais constitui uma validação convincente da nossa metodologia de simulação, reforçando a credibilidade dos resultados da nossa investigação.

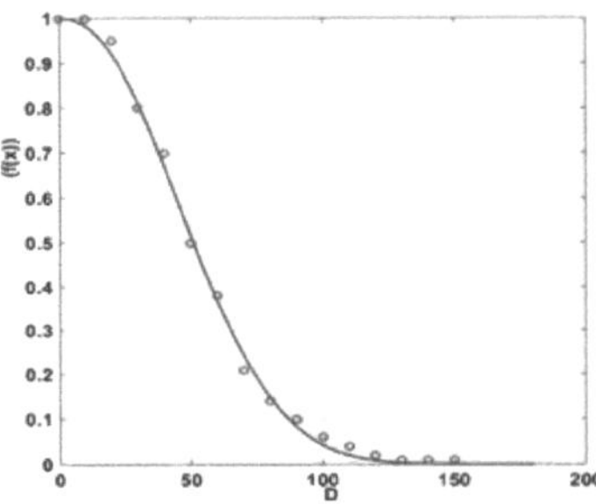

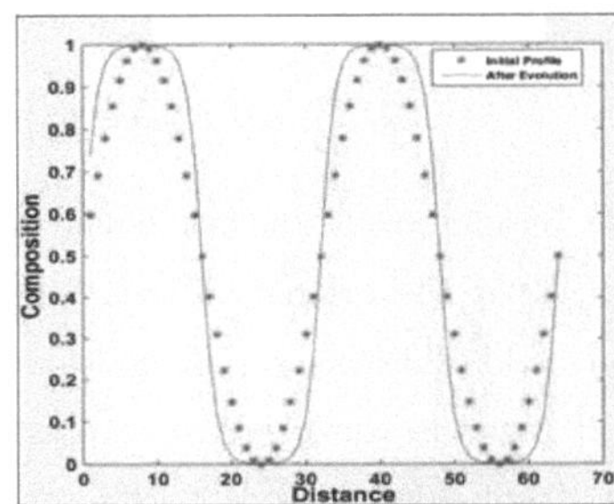

Fig. 15. Distribuição do tamanho das gotas de Rosin-Rammler.

Fig. 16 Perfil da equação de Allen-Cahn para dois fluidos imiscíveis e incompressíveis.

À medida que a distância aumenta, o perfil da gota tende a aproximar-se do valor da composição observada na região do volume do fluido. Quando uma gota é colocada num escoamento de cisalhamento simples, sofre deformação e alongamento devido ao gradiente de velocidade presente no escoamento (Fig. 17). A dinâmica temporal da gota é influenciada por vários factores, tais como a razão de viscosidade entre a gota e o fluido circundante, a forma inicial da gota e as condições de escoamento. Geralmente, sob o efeito de forças de cisalhamento, a gota adopta uma forma elipsoidal. A taxa de deformação depende da intensidade do fluxo, do tamanho da gota e da relação de viscosidade entre a gota e o fluido circundante. Quando a gota é inicialmente esférica, estica-se na direção do fluxo de cisalhamento, mudando a sua secção transversal para elíptica. À medida que a deformação continua, a gota pode apresentar várias instabilidades, tais como gotejamento ou rutura. O comportamento exato da gota depende dos parâmetros do fluxo e das características intrínsecas da gota, bem como das propriedades das interfaces do fluido. Foram desenvolvidos vários modelos teóricos e numéricos para estudar a evolução temporal das gotículas em escoamentos de cisalhamento simples, nomeadamente através de simulações numéricas utilizando o método da rede de Boltzmann, o método da fronteira imersa e o método dos elementos de fronteira. Além disso, são também utilizadas técnicas experimentais, tais como dispositivos microfluídicos e imagens de alta velocidade, para observar e medir a deformação e a instabilidade das gotículas em escoamentos de cisalhamento. Globalmente, o estudo da evolução temporal das gotículas em escoamentos de cisalhamento simples continua a ser uma área complexa e ativa de investigação em mecânica dos fluidos.

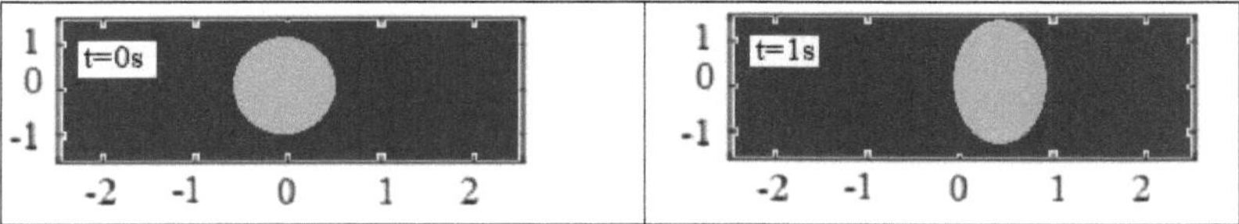

Fig. 17 Evolução temporal de uma gota num fluxo de cisalhamento.

O modelo matemático para prever o tamanho e a frequência das bolhas utilizando o modelo de Allen-Cahn-Navier-Stokes envolve um conjunto de equações diferenciais parciais que descrevem a evolução do fluxo do fluido e as variáveis do campo de fases. Em primeiro lugar, a equação conservadora de Allen-Cahn representa uma forma particular da equação de Allen-Cahn, uma equação diferencial parcial (EDP) utilizada para descrever a evolução da separação de fases num sistema binário. Esta equação modela a forma como a concentração de um componente varia em diferentes regiões do sistema ao longo do tempo, em resposta às forças de difusão e reação. A equação da continuidade garante a incompressibilidade do fluido e é dada por :

$$\left(\frac{\partial u}{\partial t} + \nabla.\left(u \otimes u\right)\right) + \nabla p = \nabla.\left(2\mu\nabla u - \xi(\nabla.u)I\right) + f \qquad \text{(III.3)}$$

ξ é a viscosidade volúmica. A forma conservativa da equação de Allen-Cahn inclui explicitamente um termo convectivo $\left(\nabla.\left(u \otimes u\right)\right)$que tem em conta a advecção do parâmetro de ordem (u).

A equação é frequentemente acoplada às equações incompressíveis de Navier-Stokes para modelar a evolução simultânea do escoamento do fluido e da separação de fases. As informações sobre o tamanho e a frequência das bolhas podem ser extraídas dos resultados da simulação da variável de campo de fase (u). As regiões onde (u) transita entre dois valores distintos correspondem à presença de bolhas. Para criar uma representação gráfica da configuração final de uma gota deformada no plano central xy, é necessário definir a forma ou distorção da gota. Partindo de condições iniciais específicas (amplitude de distorção L = 1 em x = 0, y = 0), ilustramos que a gota é deformada por uma distorção sinusoidal (Fig. 18.a). Na dinâmica dos fluidos, o vórtice mede a rotação local dos elementos de fluido. Num escoamento bidimensional, o vetor vórtice tem apenas uma componente diferente de zero, frequentemente representada como vórtice escalar. O vórtice (ω) é definido como o loop do vetor velocidade ($\omega = \nabla \times u$). Num escoamento 2D, o vetor velocidade pode ser escrito como (u = $u_1, u_2, 0$)onde (u_1) é a componente da velocidade na direção (x), (u_2) é a componente da velocidade na direção x. é a componente da velocidade na direção y, e não existe componente da velocidade na direção z (Fig. 18.b).

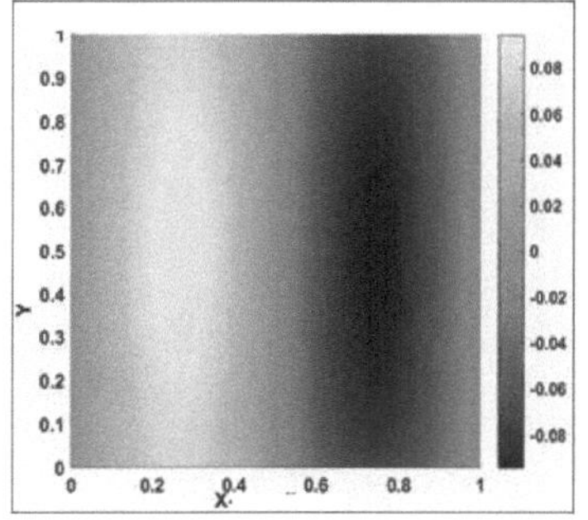 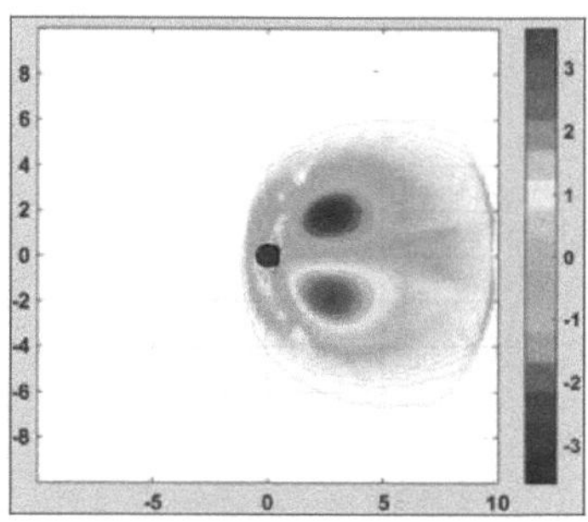

Fig. 18.a. Configuração final da gota deformada (plano x-y).

Fig. 18.b. Componentes da verticalidade 2D da gota (x-y).

A força de impacto nas gotas de água refere-se à quantidade de força aplicada a uma gota quando esta entra em contacto com uma superfície ou outro objeto. Esta força pode ter vários efeitos, dependendo de uma série de factores. Em primeiro lugar, o tamanho da gota desempenha um papel crucial na magnitude da força de impacto sentida. Uma gota maior tenderá a exercer uma força de colisão mais significativa do que uma gota mais pequena. A velocidade a que a gota atinge a superfície é outro parâmetro determinante. Uma velocidade mais elevada aumenta a energia cinética da gota, aumentando assim a perceção do impacto. Por outro lado, uma velocidade mais baixa pode gerar uma força de impacto mais moderada. Finalmente, a natureza da superfície ou do objeto com o qual a gota entra em contacto é crucial. Uma superfície rígida e lisa pode refletir parte da força de impacto, enquanto uma superfície absorvente ou irregular pode absorver parte dessa força, afectando assim os resultados da interação. Em suma, a força de impacto sobre as gotas de água varia em função do tamanho da gota, da sua velocidade no momento do impacto e da composição e textura da superfície ou objeto em contacto.

$$F_D = \frac{mv^2}{Diameter} \qquad (III.4)$$

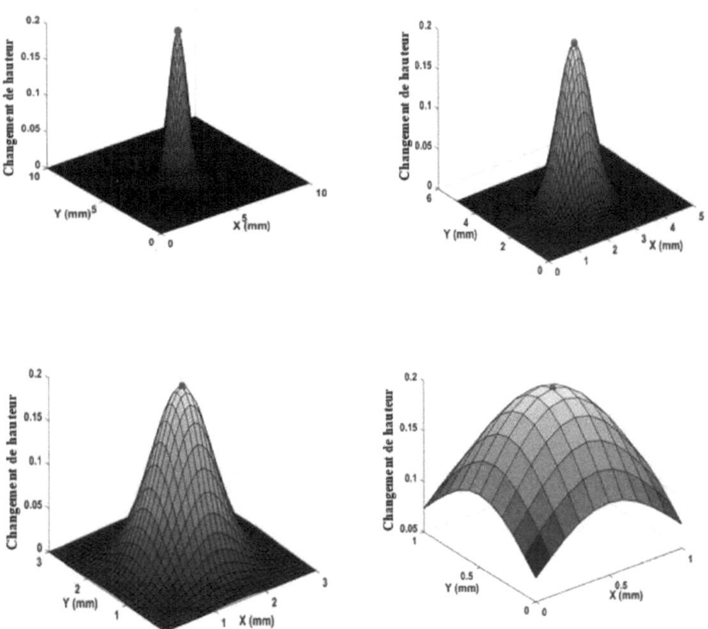

Fig. 19. Morfologia do impacto da gota simulada.

Quando uma gota de água atinge a superfície de uma máscara facial, várias fases caracterizam a sua interação. Em primeiro lugar, no contacto inicial, a gota começa a deformar-se sob o efeito da rápida desaceleração resultante da transferência da sua energia cinética para a superfície. Esta rápida desaceleração resulta num rápido aumento da força de impacto, enquanto a velocidade da gota diminui gradualmente. À medida que a gota continua a deformar-se no impacto, acaba por atingir um ponto de compressão máxima, onde é mais comprimida. Dependendo da energia inicial da gota e das propriedades específicas da superfície da máscara, a gota pode rebater após esta fase ou permanecer em contacto com a superfície. Durante esta fase de compressão máxima, a força de impacto pode atingir o seu pico, principalmente devido à rápida alteração do momento da gota. Esta dinâmica é ilustrada na (Fig. 19).

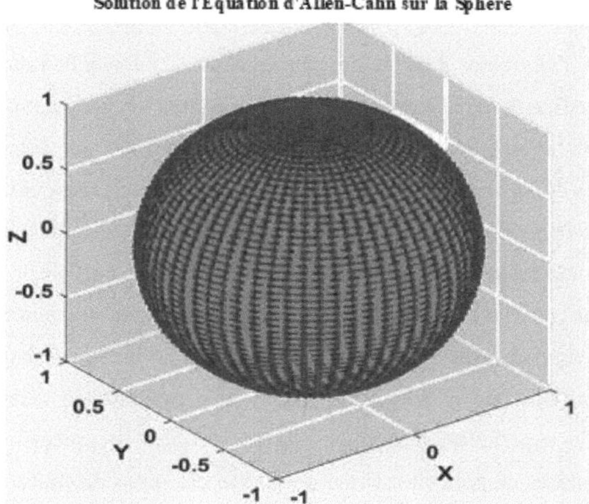

Fig. 20: Evolução da solução numérica da equação de Allen-Cahn na esfera.

Outro método é o método dos elementos finitos, que discretiza a esfera em pequenos elementos e resolve a equação numericamente, aproximando a solução em cada elemento. Este método é mais flexível e pode lidar com dimensões mais elevadas, mas requer mais recursos computacionais. Ao longo dos anos, foram introduzidas várias melhorias nestes métodos numéricos para aumentar a sua precisão e eficiência. Por exemplo, as técnicas de refinamento adaptativo da malha podem ser utilizadas no método dos elementos finitos para refinar a malha nas regiões em que a solução varia rapidamente, enquanto se torna mais grossa a malha nas regiões de variação lenta. Esta abordagem pode reduzir significativamente o custo computacional, preservando simultaneamente a exatidão. Nos últimos anos, foram também utilizados métodos de aprendizagem profunda para resolver a equação de Allen-Cahn na esfera. Uma abordagem consiste em utilizar redes neuronais para aproximar diretamente a solução, eliminando a necessidade de discretização. Outra abordagem consiste em utilizar redes neuronais para acelerar os métodos numéricos existentes, aprendendo a solução em pontos específicos e interpolando-a noutros pontos.

Globalmente, a evolução das soluções numéricas para a equação de Allen-Cahn na esfera tem sido impulsionada por uma combinação de avanços matemáticos e computacionais, conduzindo a métodos de solução cada vez mais exactos e eficientes para esta equação significativa.

Nesta secção, recorremos a dados experimentais existentes na literatura. Este estudo centra-se na investigação da dinâmica envolvida no impacto de gotículas de água a baixas velocidades. Esta investigação explora os processos complexos que ocorrem quando as gotículas de água colidem com superfícies em condições de baixa velocidade. O objetivo é obter uma compreensão abrangente do comportamento das gotículas no impacto, incluindo a sua deformação, espalhamento e interação com a superfície da máscara facial. Através de experiências e análises pormenorizadas, este estudo visa contribuir para uma melhor compreensão da mecânica do impacto de gotículas de água a baixa velocidade. Os resultados obtidos podem potencialmente levar a avanços em várias áreas, como revestimentos de superfícies, tecnologias de pulverização e processos naturais que envolvem interacções de gotículas, como o impacto das gotas de chuva nas superfícies das máscaras faciais. Ao compreender melhor estes mecanismos, torna-se possível melhorar o design das superfícies e as tecnologias de controlo da humidade, bem como otimizar as aplicações práticas em vários sectores industriais e ambientais. Baseamos o nosso estudo na curva de força transitória de uma gota que embate no sensor a uma velocidade de 3,27 (m/s). Os dados brutos contêm oscilações significativas, que podem complicar a análise exacta da dinâmica do impacto. Para atenuar estas oscilações, todos os dados de força de impacto foram filtrados utilizando um filtro passa-baixo de resposta a impulsos finitos (FIR) com uma frequência de corte de 10.000 Hz. Esta técnica de filtragem eliminou com êxito as oscilações indesejadas, tornando os dados mais suaves e fáceis de interpretar. No entanto, a curva filtrada foi deslocada em cerca de 100 µs em comparação com os dados experimentais originais. Apesar desta deslocação temporal, as características essenciais dos dados de força originais, como o tempo de subida rápido e o tempo de descida longo, foram preservadas. Estas características são cruciais para compreender o comportamento da força no momento do impacto. Consequentemente, a curva filtrada foi utilizada como uma aproximação geral para descrever a evolução da força durante o impacto de uma gota de água. Esta abordagem permite obter uma representação mais fiel e utilizável da dinâmica do impacto, facilitando assim as análises posteriores e as comparações com outros estudos. Ao utilizar este método, seguimos o trabalho de Mitchell et al. (2016), que demonstraram a eficácia deste tipo de filtragem para a análise do impacto de gotículas (Fig. 21).

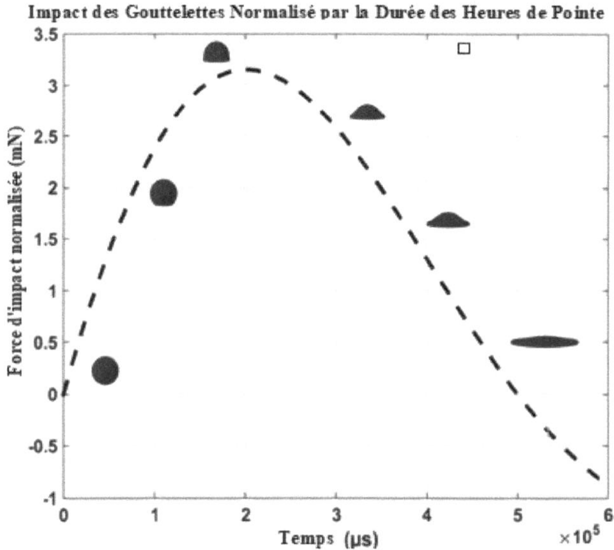

Fig. 21 Comparação entre as simulações numéricas (previsão da força de impacto) e os resultados experimentais da deformação das gotículas (Mitchell et al, 2016).

Para realizar esta experiência, os investigadores utilizaram um condicionador de sinal modelo 482 PCB para processar os sinais dos sensores. Este condicionador de sinal é essencial para amplificar, filtrar e converter os sinais analógicos brutos numa forma mais utilizável e precisa, facilitando a análise dos dados experimentais. Além disso, foi utilizado um osciloscópio Le Croy Wave Surfer 64MXs-B para registar as medições. Este osciloscópio, conhecido pelo seu elevado desempenho e exatidão, foi configurado para recolher amostras a uma frequência de 20 MHz para todas as medições experimentais.

Esta elevada taxa de amostragem é crucial para captar a dinâmica rápida e os pormenores finos das forças envolvidas no impacto das gotas. A combinação destes instrumentos permite uma aquisição de dados fiável e precisa. O condicionador de sinal assegura que os sinais são devidamente preparados antes do registo, enquanto o osciloscópio fornece uma resolução temporal suficiente para observar variações rápidas nas forças. Em conjunto, este equipamento permitiu uma análise detalhada e precisa dos fenómenos observados durante as experiências de impacto de gotas, como ilustrado na (Fig. 21).

Conclusão geral

A equação de Cahn-Hilliard tem sido amplamente utilizada para estudar a separação de fases em vários sistemas, incluindo misturas de polímeros, decomposição espinodal em ligas e refinação em espumas e emulsões. Em misturas de polímeros, a equação de Cahn-Hilliard descreve como os diferentes componentes se separam e formam domínios distintos ao longo do tempo. É utilizada para prever a formação de estruturas complexas, tais como camadas alternadas ou redes interpenetrantes, resultantes da interação entre a difusão e a tensão superficial. A equação é também utilizada para modelar a decomposição espinodal, um processo pelo qual uma liga homogénea se decompõe em duas fases distintas devido a flutuações de concentração. Ajuda a compreender como as microestruturas evoluem e se refinam ao longo do tempo, influenciando as propriedades mecânicas e físicas dos materiais. Em espumas e emulsões, a equação de Cahn-Hilliard é utilizada para modelar a estabilidade das interfaces entre fases e a coalescência de gotículas ou bolhas. É utilizada para otimizar as propriedades dos materiais, ajustando os parâmetros do processo para obter estruturas com características específicas. A equação descreve como as moléculas se movem e redistribuem para minimizar a energia livre do sistema. Incorpora os efeitos da tensão superficial, que tende a minimizar a área da interface entre as fases. A equação de Cahn-Hilliard também se baseia num potencial de energia livre que determina a estabilidade da fase e a formação de padrões. Ao permitir a previsão e o controlo da microestrutura dos materiais, a equação de Cahn-Hilliard é essencial para o desenvolvimento de materiais com propriedades optimizadas. As suas aplicações estendem-se a muitos sectores industriais, incluindo a indústria aeroespacial, automóvel, tecnologias médicas e dispositivos electrónicos, onde o desempenho dos materiais é crítico. Globalmente, a equação de Cahn-Hilliard é uma ferramenta poderosa para compreender a dinâmica da separação de fases e dos fluxos multifásicos. A sua capacidade para captar o desenvolvimento de padrões e estruturas torna-a uma ferramenta importante para a conceção e otimização de materiais e processos. Continua a desempenhar um papel fundamental na investigação científica e no desenvolvimento tecnológico, oferecendo perspectivas de novas inovações e melhorias numa variedade de áreas de aplicação.

A equação de Cahn-Hilliard desempenha um papel crucial no estudo de escoamentos multifásicos em dinâmica de fluidos. Esta equação é utilizada para modelar e analisar fenómenos complexos como a formação de gotículas, a coalescência e a desagregação. Apresentamos aqui uma panorâmica detalhada da sua aplicação e do seu acoplamento com outras equações para compreender e simular estes fenómenos. A equação de Cahn-Hilliard simula a formação de gotículas a partir de uma fase contínua, tendo em conta as forças interfaciais e a difusão. Ajuda a compreender os factores que influenciam o tamanho e a forma das gotículas recém-formadas. A equação modela o processo pelo qual duas ou mais gotículas se fundem para formar uma gota maior, descrevendo a dinâmica da interface a nível molecular. Variáveis como a tensão superficial e a viscosidade da fase afectam a taxa e a natureza da coalescência, captadas pela equação. A equação de Cahn-Hilliard descreve a forma como as gotículas se podem fragmentar sob o efeito de forças externas, tais como gradientes de velocidade ou turbulência. A estabilidade da gota é avaliada como uma função da energia livre do sistema, que influencia as condições de rutura.

Para modelar escoamentos multifásicos complexos, a equação de Cahn-Hilliard é frequentemente acoplada às equações de Navier-Stokes. Este acoplamento permite ter em conta não só a dinâmica das interfaces, mas também as interacções com o campo de velocidades do fluido circundante. Em dispositivos microfluídicos, este acoplamento é utilizado para simular o comportamento de fluidos a escalas muito pequenas, onde as interacções entre fases são críticas. O modelo pode também ser utilizado para estudar escoamentos em meios porosos, onde as interfaces entre fases podem mover-se através de estruturas complexas. Nas indústrias química e petroquímica, este modelo ajuda a otimizar os processos de separação de fases, melhorando a eficiência e a qualidade dos produtos. O modelo contribui para a conceção de reactores onde os fluxos multifásicos são comuns, permitindo uma melhor compreensão e controlo das reacções. Na dinâmica dos fluidos, a equação de Cahn-Hilliard é uma ferramenta poderosa para estudar e modelizar escoamentos multifásicos, incluindo a formação de gotículas, a coalescência e a desagregação. O seu acoplamento com as equações de Navier-Stokes torna possível a simulação de sistemas complexos, como os encontrados em microfluidos, meios porosos e vários processos industriais. Esta combinação oferece uma abordagem robusta para compreender a dinâmica das interfaces e melhorar as aplicações práticas em vários domínios da ciência e da engenharia. O estudo de dois fluidos imiscíveis e incompressíveis utilizando as equações acopladas de Allen-Cahn e Navier-Stokes representa uma importante área de investigação em mecânica dos fluidos. A equação de Allen-Cahn rege a evolução da interface entre os fluidos, enquanto as equações de Navier-Stokes descrevem o movimento e o escoamento dos fluidos. O acoplamento destas duas equações fornece um modelo completo do comportamento de dois fluidos imiscíveis. As equações acopladas de Allen-Cahn e Navier-Stokes podem ser resolvidas numericamente utilizando uma variedade de métodos, incluindo diferenças finitas, elementos finitos ou métodos espectrais. Estes métodos envolvem a discretização das equações no espaço e no tempo, e a resolução das equações algébricas resultantes utilizando métodos iterativos. O estudo de fluidos imiscíveis e incompressíveis utilizando as equações acopladas de Allen-Cahn e Navier-Stokes é essencial para compreender os fenómenos complexos da separação de fases e do escoamento de fluidos. Os vários métodos numéricos disponíveis oferecem ferramentas poderosas para simular estes fenómenos com maior precisão e eficiência, permitindo avanços significativos na investigação e nas aplicações industriais.

Os resultados numéricos da evolução da concentração obtidos a partir da equação de Allen-Cahn fornecem informações valiosas sobre a separação de fases e a formação de padrões. Estes resultados são influenciados por factores como as condições iniciais, os parâmetros da equação e as condições de fronteira. A evolução da concentração de uma mistura binária utilizando a equação de Allen-Cahn pode, por conseguinte, contribuir para a otimização da conceção e do desempenho de materiais e processos. O estudo numérico da equação de Allen-Cahn constitui uma ferramenta poderosa para compreender e prever a separação de fases e a formação de padrões em sistemas binários. As simulações podem ser utilizadas para explorar a influência das condições iniciais, dos parâmetros da equação e das condições de fronteira na evolução da concentração. Os resultados obtidos são essenciais para otimizar a conceção e o desempenho dos materiais, abrindo caminho a inovações em várias áreas da ciência e engenharia dos materiais. No domínio da simulação de fluidos, as iso-superfícies são utilizadas como representações visuais da interface entre dois fluidos. Podem ser utilizadas para estudar fenómenos dinâmicos como o comportamento de vórtices e a formação de ondas na interface, correspondendo a um valor específico de um campo escalar. A tensão interfacial influencia a dinâmica dos fluidos através da introdução de um termo de força nas equações de Navier-Stokes, que tem em conta o impacto da tensão interfacial na velocidade e pressão do fluido. Estas simulações numéricas validam a eficácia e a fiabilidade do modelo NS-AC na representação exacta da dinâmica complexa de escoamentos de fluidos múltiplos. O modelo provou ser preciso e eficiente em comparação com outros métodos numéricos, tornando-o aplicável a uma variedade de problemas científicos e de engenharia.

Conclusão geral

A equação de Cahn-Hilliard tem ampla aplicação no estudo da separação de fases, seja em misturas de polímeros, decomposição espinodal em ligas ou refinamento em espumas e emulsões. Em misturas de polímeros, prevê a formação de estruturas complexas, como camadas alternadas ou redes interpenetrantes, influenciadas pela difusão e tensão superficial. Também modela a decomposição spinodal, em que uma liga homogénea se separa em duas fases distintas devido a flutuações de concentração, afectando as propriedades mecânicas e físicas dos materiais. Em espumas e emulsões, optimiza a estabilidade da interface e a coalescência de gotículas ou bolhas, ajustando os parâmetros para obter estruturas específicas. Ao integrar os efeitos da tensão superficial e com base num potencial de energia livre, a equação de Cahn-Hilliard permite a previsão e o controlo da microestrutura, desempenhando um papel crucial no desenvolvimento de materiais com propriedades optimizadas. As suas aplicações abrangem diversos sectores, como o aeroespacial, automóvel, tecnologias médicas e dispositivos electrónicos, contribuindo para a compreensão e melhoria dos processos e desempenhos dos materiais.

Na dinâmica dos fluidos, a equação de Cahn-Hilliard é essencial para modelar escoamentos multifásicos complexos. Descreve a formação, a coalescência e a rutura de gotículas, tendo em conta as forças interfaciais e a difusão. Associada às equações de Navier-Stokes, simula estes fenómenos a várias escalas, desde dispositivos microfluídicos a meios porosos industriais. Este acoplamento fornece uma abordagem robusta para compreender e prever a dinâmica da interface, melhorando as aplicações práticas em domínios científicos e de engenharia.

Perspectivas

As perspectivas para este trabalho de investigação são vastas e promissoras, oferecendo várias direcções para futuros desenvolvimentos e potenciais aplicações:

1. **Otimização de modelos numéricos**: Continuar a melhorar os métodos numéricos utilizados para resolver a equação de Allen-Cahn e as equações de Navier-Stokes acopladas. Tal poderá incluir o desenvolvimento de técnicas de solução numérica mais eficientes, como métodos adaptativos ou métodos de decomposição de domínios, para aumentar a exatidão e reduzir o custo computacional.

2. **Estudo de casos mais complexos**: Aplicar o modelo NS-AC a casos mais complexos de fluidos multifásicos, por exemplo, incorporando condições de fronteira mais realistas ou estudando geometrias e configurações de fluidos mais complexas. Isto permitiria validar o modelo em situações reais e diversas.

3. **Validação experimental**: Trabalhar com experimentalistas para validar os resultados numéricos utilizando dados experimentais reais. Isto confirmaria a exatidão do modelo em cenários práticos e identificaria os parâmetros-chave necessários para uma boa correspondência com as observações experimentais.

4. **Aplicações industriais**: Explorar as potenciais aplicações do modelo NS-AC na indústria, por exemplo, para otimizar os processos de mistura, a conceção de reactores ou a simulação de fluidos em dispositivos microfluídicos. Isto poderia abrir oportunidades para resolver problemas complexos de engenharia e melhorar a eficiência dos processos industriais.

5. **Desenvolvimento de novas capacidades**: Alargar as capacidades do modelo para incluir efeitos físicos adicionais, como a termocapilaridade, as interacções electromagnéticas ou outros fenómenos específicos de aplicações particulares. Isto poderia tornar o modelo ainda mais versátil e adaptável a uma gama ainda maior de problemas.

Em resumo, este trabalho de investigação oferece numerosas oportunidades para alargar e aplicar o modelo NS-AC em vários contextos científicos e tecnológicos, ajudando assim a avançar a nossa compreensão dos escoamentos multifásicos e a melhorar as soluções práticas em muitos domínios industriais e de engenharia.

Bibliografia

1. Y. Hairch , A. Elmelouky, M. Louzazni, F. Belhora e M.Monkade, Um estudo numérico da dinâmica de interfaces em materiais fluidos. *Journal of Matériaux & Techniques* (2024).

2. Y. Hairch, A. Jraifi, I. Medarhri, A. Elmelouky, Modelação Matemática das Propriedades Mecânicas na Permeação de Hidrogénio Verde através de Materiais de Separação de Membranas. *Journal of mathematical modeling and computing* (2024).

3. Y. Hairch, R. Elotmani, A. Elmelouky, M. Mansouri, Exploring the Mechanical Dynamics and Physical Characteristics of Droplets Using Face Mask Materials. *Jornal Euro-Mediterrânico para a Integração Ambiental* (2024).

4. Y. Hairch, R. Mghaiouini, A. Mortadi, D. Saifaoui, M. Salah, A. Graich, E. Chahid, A. Elmelouky, M. Monkade e A. El Bouari, Modelação e simulações de gotículas em movimento em relação ao SARS-CoV-19 geradas pelo sistema respiratório. *Jornal de Ciência e Engenharia de Aerossóis* (2022).

5. Hairch, Y., El Afif, A., 2020. Modelagem mesoscópica do transporte de massa em membranas poliméricas viscoelásticas separadas por fase que incorporam interfaces deformáveis complexas, *J Membrane Science, Elsevier* 596, 117589 (2020).

6. El-Atab, N., Qaiser, N., Badghaish, H.S., Shaikh, SF., Hussain, MM., 2020. Modelo Nanoporoso Flexível para a Conceção e Desenvolvimento de Máscaras Faciais Hidrofóbicas Reutilizáveis Anti-COVID-19. *J ACS Nano* (6), 7659-7665 (2020).

7. Fadare, OO, Okoffo, ED., 2020. Máscaras faciais Covid-19: uma fonte potencial de fibras microplásticas no ambiente. *J Science of the Total Environment (Ciência do Ambiente Total)*. Elsevier (737), 140279 (2020).

8. Zhou, L., Nyberg, K., Rowat, AC., 2015. Compreender a teoria da difusão e a lei de Fick através da comida e da culinária. *J Advances in Physiology Education* 39(3), 192-197 (2015).

9. Luzi, F., Torre, L., Kenny, J., Puglia, D., 2019. Misturas e nanocompósitos poliméricos de base biológica e fóssil para embalagens: relação estrutura-propriedade ". *J Materials* 12(3), 471 (2019).

10. Malik, T., Razzaq, H., Razzaque, S., Nawaz, H., Siddiqa, A., Siddiq, M., Qaisar, S., 2018. Projeto e síntese de membranas poliméricas usando formadores de poros solúveis em água: uma visão geral. *J Polymer Bulletin*, Springer 76, 4879-4901 (2018).

11. Zhu, J., Hou, J., Zhang, Y., Tian, M., Tao, H., Liu, J., Chen, V., 2017. Membranas antimicrobianas poliméricas habilitadas por nanomateriais para tratamento de água. *J Membrane Science, Springer* 17, S0376-7388 (2017).

12. Mirikar, D., Palanivel, S., Arumurua, V., 2021. Destino das gotículas, eficácia da máscara facial e transmissão de gotículas carregadas de vírus dentro de uma sala de conferências. *J Physics of Fluids* 33, 065108 (2021).

13. Rahman, M. Z., Hoque, M. E., Alam, M. R., Rouf, M.A., Khan, S. I., Xu, H., Ramakrishna, S., 2022. Máscaras faciais para combater o coronavírus (COVID-19) - Processamento, funções, requisitos, eficácia, risco e sustentabilidade. *Revista Polymers* 14(7): 1296 (2022).

14. Daniel, B.O., Catherine, A.P., 2020. Think-Pair-Listen in the Online COVID-19 Classroom, Ciência da engenharia ambiental, 3.Arup, K., S. COVID-19 e água insegura: um conto de dois inimigos. Ciência da *engenharia ambiental* 37, (2020).

15. Amrit, K., Kiranmay, S., Abhinav, P., Rajeev, K M., Panuganti, C.S. D., 2022. COVID-19 Lock-down in Delhi: Uderstanding Trends of Particulate Matter in Context of Land-Use Patterns, GIS Mapping and Meteorological Traits. *Ciência da engenharia ambiental* (2022).

16. Jens, I., Mikael, M.L., 2021. Aproximações de superfície de resposta de multifidelidade para o projeto ideal de fluxos de difusor, *J Optimization and Engineering, Springer.* 2, 453-468 (2021).

17. Michael, H., Christian, K., Tobias, K. A., 2018. Abordagem de elementos finitos adaptativos de dupla ponderação orientada a objetivos para o controle ideal de um sistema cahn-Hilliard-Navier-Stokes não suave. *J Otimização e Engenharia*, Springer 19, pp. 629-662 (2018).

18. Zhdanov, VP, Kasemo, B., Virions and respiratory droplets in air: Diffusion, drift, and contact with the epithelium. *J BioSystems, Elsevier* 198, 104241 (2020).

19. Ataei-Pirkooh, A., Alavi, A., Kianirad, M., Bagherzadeh, K., Ghasempour, A., Pourdakan, O., Adl, R., Kiani, S.J., Mirzaei, M., Mehravi, B., 2021. Mecanismos de destruição do ozono sobre o SARS-CoV-2. *J Scientific reports* 11, 18851 (2021).

20. Dnyanesh, M., Silambarasan, P., Venugopal, A., 2021. Destino das gotículas, eficácia da máscara facial e transmissão de gotículas carregadas de vírus em uma sala de conferências. *J Physics of Fluids* 32(5), 065108 (2021).

21. Scharfman, B.E., Techet, A.H., Bush, J.W.M., Bourouiba, L., 2016. Visualização de ejectos de espirros: etapas de fragmentação de fluidos que levam a gotículas respiratórias. *Experiências em Fluidos*, Springer 57 (2016).

22. Gao, N., Niu, J., Morawska, L., 2008. Distribution of Respiratory Droplets in Enclosed Environments under Different Air Distribution Methods (Distribuição de gotículas respiratórias em ambientes fechados com diferentes métodos de distribuição de ar). *J Building Simulation, Springer* 4, 326-335 (2008).

23. Harlow, F.H., Welch, J.E., 1965. Cálculo numérico do escoamento viscoso incompressível dependente do tempo com superfície livre. *Physics of Fluids* 8, 2182-2189 (1965).

24. Sleiman, GE., 2018. Processabilidade de termoplásticos reciclados. Análise termorreológica de misturas PP/PE, *tese, Universidade de Brittany Loire* (2018).

25. Nikolova, S., Nenov, M., 2018. Modelagem da quantidade de vacina em modelos matemáticos de tratamento de melanoma, *Série J em Biomecânica* 32, 19-25 (2018).

26. Singh, Y., Shekhar, K., Tyagi, A. P., 2021. Modelagem matemática do transporte de muco nas vias aéreas devido à tosse: condição turbulenta de estado quase estável, *J Series on Biomechanics* 35, 69-84 (2021).

27. Valentin, S., Basin, S., Chaouat, A., 2022. Formas graves de COVID-19 entre pacientes com doenças respiratórias crônicas: atenção à gravidade da deficiência respiratória subjacente, *J Respiratory Medicine and Research* 81, 100902 (2022).

28. Reychler, G., Vecellio, L. Dubus, J.C., 2020. Nebulização: uma fonte potencial de transmissão do SARS-CoV-2. *J Respiratory Medicine and Research, Elsevier* 78, 100778 (2020).

29. Flávio M. R. D. S. J., 2022. Novo Normal: A Dinâmica dos Poluentes do Ar no Padrão de Interrupção-Recuperação Relacionado à Pandemia COVID-19 em Recife, Nordeste do Brasil. *J Aerosol Science and Engineering, Springer* 6, 316-322 (2022).

30. Junji, C., Yecheng, Z., Quanjiao, C., Maosheng, Y., Rongjuan, P., Yun, W., Yang, Y., Yu, H., Jing, W., Wuxiang, G., 2021. O gás ozônio inibe a transmissão do SARS-CoV-2 e fornece possíveis medidas de controle. *J Aerosol Science and Engineering, Springer* 5, 516-523 (2021).

31. Talib, D., Dimitris, D., 2020. Sobre gotículas respiratórias e máscaras faciais, *J Physics of Fluids* 32, 063303 (2020).

32. Prather, A. K., Wang, C. C., Schoole, R. T., 2020. Reduzindo a transmissão de SARS-CoV-2 Máscaras e testes são necessários para combater a propagação assintomática em aerossóis e gotículas, *Science*, 368, 6498 (2020).

Buy your books fast and straightforward online - at one of world's fastest growing online book stores! Environmentally sound due to Print-on-Demand technologies.

Buy your books online at
www.morebooks.shop

Compre os seus livros mais rápido e diretamente na internet, em uma das livrarias on-line com o maior crescimento no mundo! Produção que protege o meio ambiente através das tecnologias de impressão sob demanda.

Compre os seus livros on-line em
www.morebooks.shop

Printed by Books on Demand GmbH, Norderstedt / Germany